Vorwort.

Der vorliegende Leitfaden erschien zuerst im Jahre 1906 in einem anderen, inzwischen erloschenen Verlage. Viele anerkennende Zuschriften veranlaßten nun den Verfasser, da das Werkchen vergriffen war, der Herausgabe einer zweiten, verbesserten und vermehrten Auflage näher zu treten. Hierbei kam es aber nicht darauf an, durch Aufzählung möglichst vieler Methoden ein gewisses Maß von Fachwissen zu zeigen, als vielmehr diejenigen Anleitungen auszuwählen, die mit möglichst einfachen Hilfsmitteln zum erwünschten Ziele führen. (Das Buch ist in erster Linie für Apotheker bestimmt, die neben ihrer eigentlichen Tätigkeit sich mit nahrungsmittelchemischen Untersuchungen beschäftigen, denen also aus dieser Betätigung ein gewisser Gewinn erwachsen soll.) Doch dürften sich auch für andere, reicher ausgestattete Laboratorien immerhin noch einige beachtenswerte Hinweise finden. Wer mehr sucht, wer die wissenschaftlichen Grundlagen der Milchuntersuchung eingehender studieren will, der möge nach dem vom Verfasser herausgegebenen Handbuch[1]:

---

[1] Teichert, Methoden zur Untersuchung von Milch und Molkereiprodukten. (VIII/IX. Band der Sammlung: Die chemische Analyse. Herausgegeben von B. M. Margosches.) Stuttgart, Verlag von Ferdinand Enke, 1909. Preis geb. 12,00 M.

„Methoden zur Untersuchung von Milch und Molkereiprodukten" greifen. Dort sind auch die hygienischen und bakteriologischen Untersuchungsmethoden der Milch und Milcherzeugnisse zu finden.

Wangen, im Mai 1911.

Dr. Kurt Teichert.

Die Analyse der Milch und Milcherzeugnisse.

Ein Leitfaden für die Praxis des Apothekers und Chemikers.

Von

Dr. Kurt Teichert,
Direktor der Württembg. Käserei-Versuchs- und Lehr-Anstalt zu Wangen im Allgäu.

Zweite, stark vermehrte und verbesserte Auflage.

Mit 19 Textfiguren.

Berlin.
Verlag von Julius Springer.
1911.

ISBN-13: 978-3-642-90461-5   e-ISBN-13: 978-3-642-92318-0
DOI: 10.1007/978-3-642-92318-0

Softcover reprint of the hardcover 1st edition 1911

Inhaltsübersicht.

Seite

I. Untersuchungsmethoden der Milch 1
  A. Vollmilch: Einflüsse auf die Zusammensetzung und Beschaffenheit 1
    a) Einfluß der Rasse und Individualität 2. b) Einfluß der Laktationsperiode 2. c) Einfluß der Melkzeiten 2. d) Einfluß des Melkens 2. e) Einfluß der Fütterung 2. f) Einfluß des Geschlechtslebens 3. g) Anderweitige Einflüsse 3.
  1. Probenentnahme für die Analyse 3
  2. Bestimmung des spezifischen Gewichtes 4
    a) Ermittelung mit dem Laktodensimeter 4. b) Ermittelung mit der Westphalschen Wage 5.
  3. Bestimmung der Trockensubstanz 7
  4. Bestimmung des Fettes 8
    a) Bestimmung nach Feser 8. b) Bestimmung nach Soxhlet 9. c). Bestimmung nach Wollny. 15. d) Bestimmung nach Adams 16. e) Bestimmung nach Gottlieb-Röse 17. f) Bestimmung nach Gerber 18. g) Salmethode nach Gerber 21. h) Sinacidbutyrometrie nach Sichler 21.
  5. Bestimmung der Eiweißstoffe 22
    a) Bestimmung des gesamten Eiweißes 22. b) Bestimmung des Kaseins 24. c) Bestimmung des Albumins 24.
  6. Bestimmung des Milchzuckers 25
    a) Polarimetrische Bestimmung nach Scheibe 25. b) Gewichtsanalytische Bestimmung nach Soxhlet 25. c) Maßanalytische Bestimmung nach Soxhlet 26. d) Refraktometrische Bestimmung nach Wollny 27.
  7. Bestimmung der Mineralbestandteile 27
  8. Rechnerische Ermittelung einzelner Milchbestandteile . . 28
    a) Trockensubstanz 28. b) Fett 28. c) Spezifisches Gewicht 28. d) Fettfreie Trockensubstanz 28. e) Prozentischer Fettgehalt der Trockensubstanz 29. f) Spezifisches Gewicht der Trockensubstanz 29. g) Sonstige Bestandteile 29.
  9. Bestimmung des Säuregehaltes 29
    a) Die Säurebestimmung durch Titration 29. b) Die Alkoholprobe 30.

Inhaltsverzeichnis.

10. Bestimmung des Schmutzgehaltes 31
    a) Bestimmung nach Renk 31. b) Bestimmung nach Stutzer 32. c) Bestimmung nach Eichloff 32. d) Bestimmung nach Gerber 32. e) Approximative Bestimmungen 33.
11. Nachweis erhitzt gewesener Milch 33
    a) Guajaktinkturreaktion nach Arnold 34. b) Reaktion nach Storch 34.
12. Verfälschungen der Milch und deren Nachweis 34
    a) Die Wässerung der Milch 35. b) Die Entrahmung der Milch oder das Mischen von Vollmilch mit entrahmter Milch 38. c) Die gleichzeitige Entrahmung und Wässerung der Milch 39. d) Der Zusatz von fremden Stoffen 41.
13. Die Stallprobe 42

B. Rahm: Zusammensetzung 43
  1. Bestimmung des Fettes 43
     a) Die Verdünnungsmethode 43. b) Methode nach Köhler 44. c) Pyknometerverfahren nach Hammerschmidt 45.
  2. Berechnung des Geldwertes 46

C. Magermilch 47
D. Buttermilch 47
E. Molken 48
F. Biestmilch 48
G. Milchkonserven 49
  1. Pasteurisierte und sterilisierte Milch 49
  2. Kondensierte Milch 49
  3. Milchpulver 49

II. Untersuchungsmethoden der Butter 50
  1. Probenentnahme für die Analyse 50
  2. Bestimmung des Wassergehaltes 51
     a) Gewichtsanalytische Bestimmung 51. b) Bestimmung mit der Butterwasserkontrollwage „Perplex" 51.
  3. Bestimmung des Fettes 53
     a) Indirekte Fettbestimmung 53. b) Bestimmung nach Soxhlet 53. c) Bestimmung nach Gottlieb-Röse 53.
  4. Bestimmung des wasserfreien Nichtfettes 53
     a) Bestimmung der Gesamtmenge der Nichtfette 53. b) Bestimmung des Gehaltes an Kochsalz 54.
  5. Untersuchungsmethoden des Butterfettes 54
     a) Bestimmung der freien Fettsäuren 54. b) Bestimmung der flüchtigen in Wasser löslichen Fettsäuren 55. c) Nachweis von Sesamöl 56. d) Bestimmung der „Neuen Butterzahl" nach Polenske 59. e) Bestimmung des Brechungsvermögens 61.
  6. Verfälschungen der Butter und deren Nachweis 63
     a) Zusatz von tierischen Fetten 63. b) Zusatz von Margarine 63. c) Zusatz von Kokosfett 63. d) Absichtliche Er-

höhung des Wasser- und Salzgehaltes 64. e) Zusatz von Konservierungsmitteln 64.
    7. Nachmachungen der Butter 65
    8. Verdorbene Butter 66
III. Untersuchungsmethoden des Käses 67
    1. Zusammensetzung und Beschaffenheit 67
    2. Probenentnahme für die Analyse 68
    3. Bestimmung des Wassergehaltes 68
       a) Gewichtsanalytische Bestimmung 68. b) Bestimmung nach Teichert-Hammerschmidt 69.
    4. Bestimmung des Fettes 70
       a) Gewichtsanalytische Bestimmung nach Bondzynski-Ratzlaff 70. b) Bestimmung nach Gerber-Siegfeld 71. c) Bestimmung nach Hammerschmidt 71.
    5. Bestimmung des gesamten Stickstoffgehaltes 73
    6. Bestimmung des Milchzuckers 73
    7. Bestimmung der Mineralbestandteile 73
    8. Bestimmung der freien Säure 73
    9. Verfälschungen von Käse und deren Nachweis 74
  10. Nachmachungen von Käse 74
  11. Verdorbener Käse 75
IV. Anhang: Tabellen 76

I. Untersuchungsmethoden der Milch.

Der Zweck der Untersuchung der Milch kann ein verschiedener sein. Es kann sich dabei handeln um:
1. die Entscheidung rein wissenschaftlicher Fragen,
2. eingreifende Fragen der Praxis zu lösen.

Der Apotheker wird die Untersuchung der Milch wohl meist aus dem zweiten Grunde betreiben. Diese rein praktischen Fragen können bezwecken:
 a) bei der Kontrolle des Milchhandels zu entscheiden, ob eine Milch rein oder verfälscht ist;
 b) bei der Abgabe der Milch an Molkereien einen Wertmesser für dieselbe zu besitzen (Bezahlung nach Fettgehalt);
 c) durch die Prüfung von Magermilch, Rahm und Buttermilch eine Kontrolle des Molkereibetriebes zu ermöglichen;
 d) dem Landwirte ein Mittel an die Hand zu geben, durch die Bestimmung des Fettgehaltes der Milch seiner einzelnen Kühe weniger wertvolle Milchtiere auszumerzen (Milchviehzucht auf Leistung).

A. Vollmilch.
Chemische Zusammensetzung der Milch.

	Mittel	Grenzen der Schwankungen	
Wasser	87,75 %	86,0—89,5 %	oder noch größere Schwankungen;
Fett	3,40 %	2,3— 5,0 %	
Stickstoffhaltige Bestandteile	3,50 %	3,0— 4,0 %	
Milchzucker	4,60 %	3,0— 6,0 %	
Mineralbestandteile	0,75 %	0,6— 0,9 %	

Für die Beurteilung einer Milch ist es von größter Wichtigkeit, die Ursachen der großen Schwankungen in ihrer Zusammensetzung kennen zu lernen. Sie seien daher im Nachstehenden in Kürze erwähnt:

a) Einfluß der Rasse und Individualität. Die Tiere der Höhenrassen (Simmentaler, Pinzgauer, Allgäuer, Schwyzer, Oberinntaler, Harzer, Egerländer, Kuhländer Vieh usw.) geben im allgemeinen eine gehaltreichere, namentlich fettreichere Milch als die Tiere der Niederungsrassen (Holländer, Oldenburger, Angler, Wilstermarscher, Dithmarscher, Breitenburger Vieh usw.).

Die Veranlagung des Einzeltieres zur Milchabsonderung kann bei ein und derselben Rasse jedoch eine sehr verschiedene sein. Es finden sich in jeder Stallung bei gleicher Pflege und Fütterung immer Tiere, die viel und gute, und solche, die wenig und geringe Milch geben.

b) Einfluß der Laktationsperiode. Die Milch frisch milchender Kühe ist in der Regel etwas weniger gehaltreich als die von altmelkenden Kühen. Der zuerst besonders verminderte Fettgehalt steigt mit der Zeit immer höher, während die Milchmenge sich verringert.

c) Einfluß der Melkzeiten. Die Morgenmilch ist meist fettärmer als die Abendmilch, zuweilen um 0,50—1,00 %. Bei dreimaligem Melken pflegt die Mittagsmilch am fettreichsten zu sein, doch höchstens nur um 0,10—0,30 % reicher an Fett als die Abendmilch.

d) Einfluß des Melkens. Nach meinen Erfahrungen ist gleichstrichiges Melken (d. i. jeweils die zwei vorderen und die zwei hinteren Striche zusammen) allen anderen Melkarten (kreuzweise, gleichseitig) vorzuziehen. Von größter Wichtigkeit ist reines Ausmelken, da der zuerst dem Euter entzogene Anteil sehr arm (z. B. 1—2 %), dagegen der letzte Anteil reich an Fett (z. B. 6—8 %) ist. Es ist daher auch eine Milch als verfälscht anzusehen, von der nur die ersten Anteile des Gemelkes in den Handel gebracht werden.

e) Einfluß der Fütterung. Bei allen Milchfälschungsprozessen ist die beliebteste Ausrede für die Verminderung des Gehaltes der Milch: ein plötzlicher Futterwechsel. Nach meinen Erfahrungen macht sich jedoch plötzlicher Futterwechsel in 4—5 Tagen, nicht aber innerhalb der Stallprobenfrist bemerkbar. Reichliches Futter erhöht den Fettgehalt etwas, wenn auch nur wenig (durchschnittlich nur 0,10—0,20 %). Anhaltende Darreichung von ungenügendem und wasserreichem bzw. die Milcherzeugung anreizendem Futter verursacht die Absonderung einer gehaltärmeren Milch.

f) **Einfluß des Geschlechtslebens.** Die Brunst bewirkt zuweilen ein starkes Sinken im Fettgehalt der Milch bei einer der Tagesmelkzeiten, namentlich bei der Morgenmilch. Gewöhnlich zeigt aber die Milch schon beim nächsten Melken wieder den früheren Gehalt an Fett, so daß man am Tagesgemelke kaum einen Unterschied gegenüber anderen Tagesmelken bemerkt. Diese Erscheinung kann daher leicht einen Milchproduzenten in falschen Verdacht bringen.

g) **Anderweitige Einflüsse.** Ein meistens schnell vorübergehender Wechsel in der Zusammensetzung der Milch kann noch durch anderweitige Einflüsse hervorgerufen werden, wie z. B. Absetzen der Kälber, Beunruhigung der Milchtiere, starken Witterungswechsel, Krankheiten u. dgl. m.

Fig. 1.
Stößer zur Mischung der Milch.

1. Probenentnahme für die Analyse.

Da sich die Milch bei ruhigem Stehen unter Abscheidung des Rahmes entmischt, so ist bei der Entnahme von Proben die Milch vorher mit einem Rührer mindestens 7—8 mal von oben nach unten durchzurühren oder besser durch mehrmaliges Umgießen sorgfältig zu mischen. Befindet sich die Milch in mehreren Gefäßen, und läßt sich der Inhalt wegen Mangel eines größeren Gefäßes nicht vereinigen, so ist die Milch in den einzelnen Behältern gut durchzurühren, aus jedem Behälter eine dem Rauminhalt entsprechende Probe zu nehmen, und die Einzelproben sind dann zu vereinigen.

Beispiel: Kanne 1 enthält 30 Liter, Kanne 2 enthält 20 Liter, Kanne 3 enthält 10 Liter. Es werden demgemäß entnommen aus Kanne 1 = 300 ccm Milch, aus Kanne 2 = 200 ccm, aus Kanne 3 = 100 ccm. Die vereinigten 600 ccm stellen die Durchschnittsprobe dar.

Sollen Milchproben für Untersuchungszwecke aufbewahrt werden, ohne eine Säuerung zu erleiden, so versetzt man sie mit je einer kleinen Messerspitze (1,5—2,0 g) Kaliumbichromat auf 1 Liter Milch. Für gerichtliche Untersuchungen vermeidet man möglichst das Konservieren, sondern sucht durch tiefe Abkühlung ein Sauerwerden der Milch zu verhüten. Bei einfachen Fettbestimmungen jedoch ist das Konservieren ohne Einfluß auf die Richtigkeit der Resultate.

Sehr zweckmäßig ist auch die Verwendung einer Kaliumbichromatlösung vom spezifischen Gewichte 1,032, also ungefähr dem mittleren spezifischen Gewicht der Milch entsprechend. Auf 100 ccm Milch ist 1 ccm dieser Lösung zu nehmen, wodurch das spezifische Gewicht der Milch nur unmerklich verändert wird.

In allen denjenigen Fällen, in denen die konservierte Milch außer auf den Fettgehalt auch auf das spezifische Gewicht, die Trockensubstanz und den Aschengehalt untersucht werden muß, wird man das Konservierungsmittel Formalin in Anwendung bringen. Es genügt der Zusatz von 4 Tropfen Formalin (d. i. eine 40 proz. wäßrige Lösung des gasförmigen Formaldehyds) auf 100 ccm Milch. Ein stärkerer Zusatz verändert die Eiweißstoffe der Milch in der Weise, daß sie in konzentrierter Schwefelsäure schwer löslich werden.

2. Bestimmung des spezifischen Gewichtes.

Das spez. Gewicht der Kuhmilch schwankt infolge der Individualität des Milchtieres usw. zwischen 1,0280 und 1,0340. Das mittlere spez. Gewicht ist 1,0320 bei 15°. Bei der Milch einzelner Kühe können ausnahmsweise größere Schwankungen vorkommen, als wie angegeben. Bei der Beurteilung der Milch ist darauf Rücksicht zu nehmen.

Die Bestimmung des spezifischen Gewichtes allein gibt keinen Anhalt für die richtige Beurteilung der Milch; es ist zum mindesten noch der Fettgehalt zu ermitteln. Auch darf das spez. Gewicht erst 3—6 Stunden nach dem Melken genommen werden, weil der Käsestoff beim Stehen der Milch einer Nachquellung unterliegt.

Zu den besten und gebräuchlichsten Methoden gehören die Bestimmungen
    a) mit dem Laktodensimeter,
    b) mit der Westphalschen Wage.

a) Ermittelung mit dem Laktodensimeter. Die Ermittelung geschieht mittels eines speziell für Milch konstruierten Aräometers (Laktodensimeter, Milchwage).

Bestimmung des spezifischen Gewichtes.

Die Laktodensimeter haben meistens eine Skala von 1,0240 bis 1,0380 und sind auf eine Temperatur von 15⁰ eingestellt. Man ermittelt zunächst den Wärmegrad der Milch und temperiert dieselbe, wenn notwendig, innerhalb der Wärmegrenzen von 10 bis 20⁰. Nach sorgfältigster Durchmischung gießt man die Milch in einen Standzylinder aus Glas, der genügend weit und hoch sein muß, damit sich die Milchwage frei bewegen kann. Schaumbildung ist zu vermeiden. Nun wird die Milchwage eingesetzt. Die Ablesung erfolgt am unteren Meniscus. Zehntelgrade innerhalb ganzer und halber Grade sind abzuschätzen. Zum Schlusse wird die Temperaturkorrektion vorgenommen (siehe S. 6).

Poda hat ein Laktodensimeter zum Gebrauch bei geringen Milchmengen konstruiert, besonders aber auch zur Bestimmung des spezifischen Gewichts des Serums. Ein Reagenzrohr zur Aufnahme der Flüssigkeit mit einem Durchmesser von 2,3 cm und einer Höhe von 22 cm ist in einem System von Kardanischen Ringen aufgehängt, wodurch die Lage des aufgehängten Rohres stets eine vertikale ist, auf welche Oberfläche der kleine Apparat auch immer zu stehen kommen mag. Hierdurch wird das Anstoßen der Aräometer an der inneren Wandung des Milchgefäßes verhindert. Der Apparat ist zu beziehen von Johannes Greiner in München.

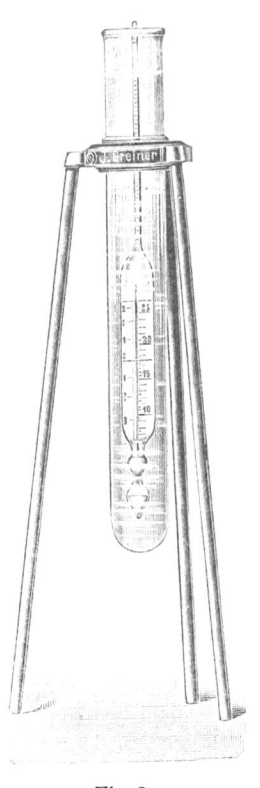

Fig. 2.
Laktodensimeter nach Poda.

b) Ermittelung mit der Westphalschen Wage. Die Ausführung ist jedem Apotheker geläufig. Das spez. Gewicht soll bei 15⁰ genommen werden. Jedenfalls darf die Temperatur der Milch niemals über 20⁰ und niemals unter 10⁰ liegen. Ist die Temperatur nicht genau 15⁰, so wird eine Korrektion vorgenommen. Bei Temperaturen unter 15⁰ werden für jeden Temperaturgrad, der unter 15⁰ liegt, 2 Zehntausendstel in der vierten Dezimalstelle abgezogen. Bei Temperaturen über 15° werden für jeden Temperaturgrad, der über 15° liegt, 2 Zehntausendstel in der vierten Dezimalstelle zugezählt. Beispiel:

A. Gefunden
$ = 1{,}0312$ bei $11{,}5°$
Korrektion
$ = 1{,}0312$
$ - 0{,}0007$
Richtig $= 1{,}0305$ bei $15{,}0°$

B. Gefunden
$ = 1{,}0300$ bei $18{,}0°$
Korrektion
$ = 1{,}0300$
$ + 0{,}0006$
Richtig $= 1{,}0306$ bei $15°$

Es gibt auch ausgearbeitete Tabellen, in denen die Korrektionen direkt abzulesen sind.

Das spezifische Gewicht geronnener Milch läßt sich weder mit dem Aräometer noch mit der hydrostatischen Wage ohne weiteres bestimmen. Man hat vielmehr folgendermaßen zu verfahren: Man quirlt die dicke Milch, bis sie wieder eine gleichmäßig flüssige Masse ist. Hiervon pipettiert man 100 ccm in einen Erlenmeyerkolben und fügt 10 ccm Ammoniak zu, wodurch innerhalb einer Stunde vollständige Verflüssigung eintritt. Hierauf wird das spezifische Gewicht der Mischung mittelst der Westphalschen Wage bestimmt.

Die Berechnung des spezifischen Gewichtes der Milch aus dem erhaltenen spezifischen Gewicht der Milch-Ammoniakmischung geschieht auf Grund folgender Überlegungen. Es sei:

A das Volumen der sauren Milch, deren spezifisches Gewicht s ermittelt werden soll,

B das Volumen des Ammoniaks und s^1 sein spezifisches Gewicht,

C das Volumen der Milch-Ammoniakmischung und s^2 deren spezifisches Gewicht, so ist

$$s = \frac{C \times s^2 - B \times s^1}{A}$$

Beispiel: Es sei

$\left.\begin{array}{l} A = 100 \text{ ccm} \\ B = 10 \text{ ccm} \end{array}\right\} C = A + B = 110 \text{ ccm}$
$s^1 = 0{,}960$
$s^2 = 1{,}0240.$

Danach ist also
$$s = \frac{110 \times 1{,}024 - 10 \times 0{,}96}{100} = 1{,}0304.$$

Bei stark vorgeschrittener Säuerung wird man nicht 10 ccm, sondern 20 ccm Ammoniak nehmen, um eine völlige Verflüssigung der sauren Milch zu erzielen. Man hat aber zu bedenken, daß in stark saurer Milch das spezifische Gewicht der Milchbestandteile durch den Säuerungsprozeß eine erhebliche Änderung erfahren haben kann.

Für eine etwaige **Bestimmung des spezifischen Gewichtes im Milchserum** scheidet man das Casein durch Zusatz von 2 ccm Essigsäure von 20 % Gehalt zu 100 ccm der auf 40⁰ erwärmten Milch aus. Bei der Ausführung der Bestimmung des spezifischen Gewichtes des Serums hat man sich zu vergewissern, ob die Milch einer höheren das Milcheiweiß fällenden Erhitzung unterworfen gewesen ist oder nicht.

Wenn die Milch bereits geronnen ist, kann das durch Filtrieren gewonnene Serum benützt werden, oder aber man läßt die Milch, welche man mit einer Spur saurer Milch versetzt, an einem warmen Orte in einer geschlossenen Flasche gerinnen, filtriert nach 24 Stunden das Säuregerinnsel („Quarg") ab und kann nun im Serum das spezifische Gewicht bestimmen. Das anfangs trübe ablaufende Filtrat wird, damit es klar wird, nochmals auf das Filter zurückgegeben.

3. Bestimmung der Trockensubstanz.

Zur Bestimmung der Trockensubstanz wird eine abgewogene (nicht abgemessene) Menge Milch bei 100—105⁰ bis zur Gewichtskonstanz eingetrocknet.

Zu diesem Zwecke werden 2—3 g Milch in einer mit Deckel versehenen flachen Schale auf der chemischen Wage abgewogen. Neuerdings verwendet man hierzu fast ausschließlich die von Soxhlet eingeführten Nickelschalen. Das Trocknen selbst geschieht dann entweder im Wassertrockenschrank oder besser noch in dem von Soxhlet hierzu konstruierten Trockenofen. Dieser Trockenofen gestattet infolge seines intensiven Luftzuges die Trocknung in kürzester Zeit. Auch kann die Trocknung im Vakuum vor sich gehen. Der Gewichtsverlust macht alsdann das Gewicht des Wassers aus; das übrige Gewicht ist das der Trockensubstanz.

4. Bestimmung des Fettes.

Die Bestimmung des Fettgehaltes kann erfolgen:

a) **durch optische Methode**: Fesers Laktoskop (unsichere, nur allgemein orientierende Methode).

b) **durch aräometrisches Verfahren**: Soxhlets aräometrisches Verfahren (sehr genaue, aber teure Methode).

c) **durch refraktometrisches Verfahren**: Wollnysches Milchfettrefraktometer (sehr genaue Methode für Massenuntersuchungen, aber teurer Apparat).

d) **durch gewichtsanalytische Methode**: a) Methode von Adams; b) Methode von Gottlieb-Röse (Normalmethoden, die als Richtschnur dienen; billig, aber nicht für Massenuntersuchungen geeignet).

e) **durch volumetrische Methoden**: a) Gerbers Acidbutyrometrie und Salmethode; b) Sichlers Sinacid-Butyrometrie (gute, billige und hinreichend genaue Methoden für Massenuntersuchungen).

Demnach wird der Apotheker wählen können:

1. als allgemein orientierende Polizeiprobe, direkt auf dem Markte, in Milchhandlungen, an Milchwagen usw.: Fesers Laktoskop.

2. für gerichtliche oder polizeiliche Untersuchungen behufs Feststellung von Verfälschungen: die Methoden von Adams, Gottlieb-Röse, Soxhlet, Wollny und Gerber.

3. für Milchfettbestimmungen von Molkereien, Landwirten und Privaten: die Methoden von Gerber.

Sind im Jahre nur wenige Milchuntersuchungen auszuführen, und ist eine chemische Wage vorhanden, so wähle man die Methode von Gottlieb-Röse, oder, falls keine Wage zur Hand ist, den Apparat von Soxhlet. Für die meisten Zwecke genügt ein kleiner Gerberscher Apparat.

a) Bestimmung nach Feser. Das Fesersche Laktoskop besteht aus zwei Teilen, einem Zylinder, dessen unteres Ende eine Metallbekleidung erhält, welche gleichzeitig als Fuß dient. Dieser Fuß ist nach unten herausziehbar, gleichzeitig mit einem Milchglasstab, welcher 6 schwarze Striche aufweist. Der Glaszylinder ist oben offen und zeigt eine Einteilung, und zwar ist rechts von den

Strichen angegeben der Prozentsatz des Fettes und links die verwendete Wassermenge. Die Handhabung des Apparates ist eine äußerst einfache.

Das Fesersche Laktoskop darf aber nur als orientierende Vorprobe in Gebrauch genommen werden, und niemals darf sich der Apotheker dazu verleiten lassen, sein Gutachten auf Grund der Befunde mit diesem Apparate aufzubauen.

In den unten verschlossenen Apparat bringt man 4 ccm Milch und fügt unter sorgfältigem Durchmischen Wasser zu. Je gehaltreicher die Milch ist, einen um so größeren Wasserzusatz wird sie erfordern, bis sie so weit durchscheinend geworden ist, daß die schwarzen Striche des weißen Glasstabes gerade wahrnehmbar werden, und dieses gilt als Merkmal der beendeten Operation. Man arbeitet so, daß man anfangs Wasser bis zur Marke von 20 ccm zufügt, gut durchschüttelt, und den unteren Rohrteil besichtigt. Hat man nicht mit abgerahmter Milch zu tun, so wird von dem Glasstabe nichts wahrzunehmen sein. Man geht dann weiter bis auf 40 ccm, nach Erfordern 60 und 80 ccm. Sind die schwarzen Striche noch nicht erkennbar, so geht man von 5 zu 5 ccm Wasser weiter, bis sie gerade eben durch die Milchmischung hindurchschimmern. Ist dies z. B. der Fall bei einem Zusatze von 90 ccm Wasser, so deutet die rechtsseitige Skala auf einen Fettgehalt von 4,50 %.

Bei der Ausführung der Probe muß noch darauf gesehen werde, daß nur solche Instrumente Verwendung finden, bei welchen der Zapfen mit der Milchglasskala in jeder Stellung vom äußeren Glase gleich weit absteht. Sehr zu beachten ist ferner, daß die schwarzen Striche auf dem Zapfen nicht durch das öftere Reinigen allmählich immer schwächer werden, wodurch die gröbsten Fehler entstehen können. Außerdem darf nur bei auffallendem Lichte abgelesen werden. Bei Anwesenheit von gekochter Milch versagt das Instrument.

b) Bestimmung nach Soxhlet. Die Soxhletsche Methode liefert sehr genaue Resultate und eignet sich daher bei gerichtlichen Analysen vorzüglich. Für Massenanalysen ist sie zu umständlich und teuer. Ein vollständiger Apparat kostet bei Paul Funke & Co. in Berlin, Chausseestraße 10, 55 Mark. Die Ausführung der Analyse gestaltet sich wie folgt:

Von der gründlich gemischten Milch, welche man auf 17,5°
(17—18°) abgekühlt beziehungsweise erwärmt hat, mißt man
200 ccm ab und läßt den Inhalt der Meßröhre in eine Schüttelflasche von 300 ccm auslaufen, indem die Meßröhre schließlich
durch Einblasen entleert wird.

Sodann mißt man 10 ccm Kalilauge vom spez. Gewicht
1,27 ab, fügt diese der Milch zu, schüttelt gut durch und setzt
nun 60 ccm wasserhaltigen Äther zu, welchen man vorher mit
Wasser gut durchgeschüttelt hat. Der Äther soll beim Einmessen
eine Temperatur von 16,5—18,5° haben (17,5° normal). Nachdem
die Flasche mittels eines Korkes oder besser Gummistöpsels
verschlossen wurde, schüttelt man dieselbe eine halbe Minute gut
durch, setzt sie in ein Gefäß mit Wasser von 17—18° und schüttelt
$\frac{1}{4}$ Stunde lang von $\frac{1}{2}$ zu $\frac{1}{2}$ Minute ganz leicht durch, indem man
jedesmal 3 bis 4 Stöße in senkrechter Richtung macht. Nach
weiterem viertelstündigen ruhigen Stehen hat sich im obern verjüngten Teil der Flasche eine klare Schicht angesammelt. Die Ansammlung und Klärung dieser Schicht wird beschleunigt, wenn
man in der letzten Zeit dem Inhalte der Flasche eine schwach
drehende Bewegung verleiht. Wenn bei ganzer Milch mit weniger
als 5 % Fett das Aufsteigen der Ätherfettlösung nicht in längstens
$\frac{1}{3}$ Stunde erfolgt, so ist, mit Ausnahme weniger Fälle, hieran nur
die unrichtige Art des Schüttelns schuld. Das $\frac{1}{4}$ Stunde lang in
kurzen Pausen auszuführende Aufschütteln muß unbedingt nur
ganz schwach erfolgen. Es ist gleichgültig, ob sich die ganze Fettlösung an der Oberfläche angesammelt hat oder nur ein Teil,
wenn dieser nur genügend groß ist, um die Senkspindel zum
Schwimmen zu bringen. Die Lösung muß vollkommen klar sein.
Bei sehr fettreicher Milch (4,5—5 %) dauert die Abscheidung
länger als die angegebene Zeit; manchmal, aber ausnahmsweise,
1—2 Stunden, sehr selten noch länger. In solchen Fällen, wie überhaupt, wenn man ein genügend großes Wassergefäß hat, ist es
zweckmäßig, die wohlverschlossenen Flaschen horizontal zu
legen; der Weg wird den aufsteigenden Tröpfchen dadurch be-
deutend abgekürzt und die Ansammlung einer Schicht begünstigt.
Nach der Aufwärtsstellung der Flaschen empfiehlt sich auch hier,
die Klärung durch die angeführte drehende Bewegung zu unter-
stützen.

Für das Verständnis der folgenden Manipulationen sei nun

der Apparat, welcher zur Dichtebestimmung der Fettlösung dient, beschrieben.

Das Stativ trägt mittels verstellbarer Muffe einen Halter für das Kühlrohr A, an dessen Ablaufröhren sich kurze Kautschukschläuche befinden. Der Träger des Kühlrohres ist um die wagerechte Achse drehbar, so daß das genannte Rohr in horizontale Lage gebracht werden kann. Zentrisch in dem Kühlrohr befestigt ist ein Glasrohr B, welches um 2 mm weiter ist als der Schwimmkörper des Aräometers, zu dessen Aufnahme es bestimmt ist. Um ein Verschließen des unteren Teiles durch das Aräometer oder ein Festklemmen des letzteren zu verhindern, sind an dem unteren Ende des Rohres drei Einbuchtungen angebracht. Das obere offene Ende ist mittels eine Korkes zu verschließen.

Das Aräometer C trägt auf der Skala des Stengels die Grade 66—43, welche Grade den spezifischen Gewichten 0,766—0,743 bei 17,5° entsprechen; die ganzen Grade sind durch einen feineren und kleineren Strich in halbe geteilt.

Im Schwimmkörper des Aräometers befindet sich ein in $\frac{1}{3}°$ nach Celsius geteiltes Thermometer. An die verengte Verlängerung des Rohres B, welche aus dem unteren Ende des Kühlrohres A herausragt, ist mittels eines kurzen Kautschukschlauches ein knieförmig gebogenes Glasrohr D befestigt, welches durch die eine Bohrung eines konischen Korkstöpsels E geht; durch die andere Bohrung des letzteren geht ebenfalls ein Knierohr F mit kürzerem senkrechten Schenkel. Der Kautschukschlauch kann durch einen Quetschhahn zugeklemmt werden.

Das Stativ trägt gleichzeitig die drei Meßröhren für Milch, Lauge und Äther.

Der Apparat wird nun wie folgt benützt: Man taucht den Kautschukschlauch des unteren seitlichen Ablaufrohres am Kühler in das Gefäß mit Wasser, saugt am oberen Schlauch, bis der Zwischenraum des Kühlers sich mit Wasser gefüllt hat, und verschließt es, indem man beide Schlauchenden durch ein Glasröhrchen vereinigt. Man entfernt nun den Stöpsel der Schüttelflasche, steckt an dessen Stelle den Kork E in die Mündung und schiebt das langschenklige Knierohr so weit herunter, daß das Ende bis nahe an die untere Grenze der Ätherfettschicht eintaucht, wie es durch die Zeichnung versinnlicht ist. Nachdem man den kleinen Gummiblasebalg an das kurze Knierohr F gesteckt und den Kork in der Röhre B gelüftet hat, öffnet man den Quetschhahn und drückt möglichst sanft die Kautschukkugel G; die klare Fettlösung steigt nun in das Aräometerrohr und hebt das Aräometer; wenn das letztere schwimmt, schließt man den Quetschhahn und befestigt den Kork im Aräometerrohr, um eine Verdunstung des Äthers zu vermeiden. Man wartet 1—2 Minuten, bis Temperatur-Ausgleichung stattgefunden hat, und liest den Stand der Skala ab, nicht ohne vorher die Spindel möglichst in die Mitte der Flüssigkeit gebracht zu haben, was durch Neigen des Kühlrohres am beweglichen Halter und durch Drehen an der Schraube des Stativfußes sehr leicht gelingt. Es wird jene Stelle der Skala abgelesen, welche mit dem mittleren Teil der vertieft gekrümmten untern Linie der Flüssigkeitsoberfläche (Meniskus) zusammenfällt. Auf diese Weise lassen sich leicht Fünftel der halben Grade, also Zehntel-Grade, d. i. Einheiten der vierten Dezimalstelle, ablesen. Da das spezifische Gewicht durch höhere Temperatur verringert, durch niedere erhöht wird, so muß die Temperatur bei der Bestimmung des spezifischen Gewichtes der Ätherfettlösung berücksichtigt werden. Man liest deshalb kurz vor oder nach der Aräometerlesung die Temperatur der Flüssigkeit an dem Thermometer im Schwimmkörper auf $1/10^0$ ab. War die Temperatur genau $17{,}5^0$, so ist die Angabe des Aräometers ohne weiteres richtig; im anderen Falle hat man das abgelesene spezifische Gewicht auf das richtige bei $17{,}5^0$ zu reduzieren, was sehr einfach ist. Man zählt für jeden Grad Celsius, den das Thermometer mehr zeigt als $17{,}5^0$, einen Grad zum abgelesenen Aräometerstand hinzu und zieht für jeden Grad Celsius, den es weniger als $17{,}5^0$ zeigt, einen Grad von der Aräometerangabe ab; z. B.: abgelesen $58{,}9^0$ bei $16{,}8^0$, wirkliche Grade $58{,}2$; abgelesen $47{,}6^0$ bei $18{,}4^0$, korrigiert auf die Normal-Temperatur — $48{,}5$. Die Temperatur des Kühlwassers darf zwischen $15{,}6^0$ und $18{,}5^0$ schwanken. Aus dem für $17{,}5^0$ gefundenen spezifischen Gewicht ergibt sich direkt der Fettgehalt in Gewichtsprozenten aus Tabelle I des Anhangs.

Für Fälle, wo sich wenig Ätherfettlösung abscheidet, kann man durch Einfließenlassen von Wasser die Ätherfettlösung in den verjüngten Teil der Flasche treiben; am einfachsten in der folgenden Weise: Man füllt die 60 ccm fassende Ätherpipette mit Wasser möglichst voll, verschließt deren oberes Ende mit dem befeuchteten Finger, wartet, bis keine Tropfen mehr abfallen, bringt dann die Spitze der Pipette so weit als möglich in die unter der Ätherfettschicht befindliche Flüssigkeit, wobei man den erweiterten Teil der Pipette auf der Flaschenmündung aufsitzen läßt, und läßt nun langsam so viel Wasser einfließen, daß die Flasche bis

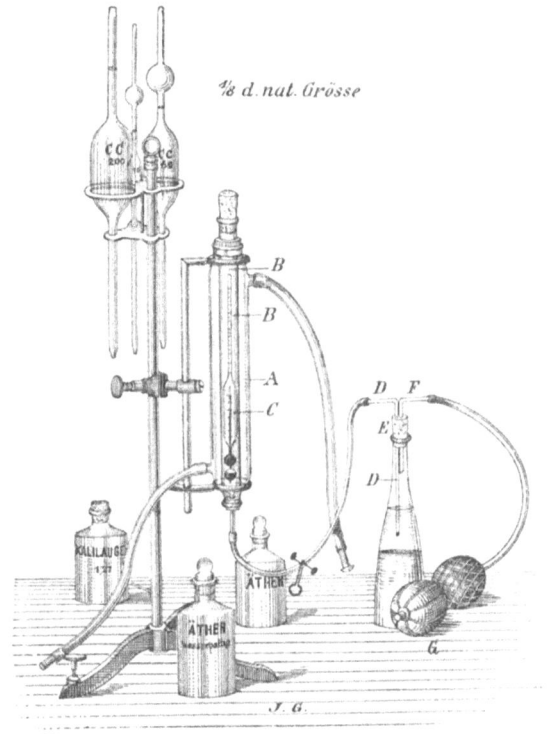

Fig. 3.
Fettbestimmungsapparat nach Soxhlet.

auf 2—3 cm unter der Mündung vollgefüllt ist. Man zieht nun die mit dem Finger festverschlossene Pipette aus der Flasche, verbindet mit dem die Knieröhren tragenden Kork und verfährt wie sonst.

Das Einfüllen des Wassers muß unmittelbar vor der spez. Gewichtsbestimmung und das Öffnen der Flasche kurz vor dem Einfließen des Wassers vorgenommen werden.

Um nun nach Beendigung einer Untersuchung den Apparat für die folgende Bestimmung instand zu setzen, lüftet man den

Kork der Schüttelflasche und läßt die Fettlösung in diese zurückfließen. Hierauf gießt man das Aräometerrohr B voll mit gewöhnlichem (absolutem, d. i. wasserfreiem) Äther und läßt auch diesen abfließen. Knierohr, Schlauch, Aräometerrohr und Aräometer werden nun vollständig ausgetrocknet dadurch, daß man mittels des Gummiblasbalges, welchen man nun an das untere Ende des langschenkligen Knierohrs (D) befestigt hat, einen kräftigen Luftstrom durch den Apparat treibt. Dabei neigt man, um ein Anlegen des Schwimmkörpers an das Innenrohr unschädlich zu machen, das Kühlrohr mit dem drehbaren Träger vor- und rückwärts, dreht auch einmal das Kühlrohr in den Ringen um seine Längsachse und bekommt so den Apparat rasch rein und trocken.

Die Kontrolle des Entrahmungsprozesses macht es namentlich für Zentrifugenmeiereien erwünscht, auch den Fettgehalt der Magermilch bestimmen zu können; ebenso ist dies erwünscht für die Ausübung der Marktkontrolle.

Wollte man Magermilch für die Fettbestimmung nach der aräometrischen Methode so vorbereiten wie ganze Milch, so würde sich in Fällen, wo man es mit Milch von 1 % Fettgehalt und darunter zu tun hat, die erforderliche Abscheidung einer genügenden Menge Ätherfettlösung nicht erzielen lassen. Die Abscheidung gelingt aber leicht, wenn man der Magermilch eine sehr geringe Menge einer Seifenlösung zusetzt.

Die Seifenlösung wird wie folgt bereitet: 15 g von der Masse einer Stearinkerze werden mit 25 ccm Alkohol und 10 ccm der für Ausführung der Bestimmung vorrätigen Kalilauge von 1,27 spez. Gewicht einige Minuten im Wasserbade erhitzt, bis alles klar gelöst ist, und mit Wasser zu 100 ccm aufgefüllt.

Die Lösung scheidet beim Erkalten nach längerem Stehen Seife aus, welche sich aber durch Erwärmen auf ca. 30° wieder löst und 2—3 Stunden bei gewöhnlicher Temperatur gelöst bleibt. Von dieser Lösung setzt man den in die Schüttelflasche eingemessenen 200 ccm Magermilch 0,4—0,5 ccm = 20—25 Tropfen zu, schüttelt gut durch und verfährt sonst genau so, wie für ganze Milch vorgeschrieben. Auch hier ist zu beachten, daß man nach dem ersten kräftigen Schütteln $\frac{1}{4}$ Stunde lang nur ganz schwach schüttelt; heftiges Schütteln verkleinert die Äthertropfen, anstatt sie, was das Aufsteigen begünstigt, zu vergrößern. Bei Milch mit sehr geringem Fettgehalt von 0,1—0,3 % dauert das Absetzen oft 3—4 Stunden; es ist gut, solche Milch, wenn sie sich noch nicht abgesetzt hat, nach zwei Stunden nochmals einige Male leicht aufzuschütteln und stehen zu lassen. Bei Magermilch mit 0,5 % und darüber erfolgt das Absitzen ebensogut wie bei ganzer Milch. Sollte es bei Magermilch von 0,4 % Fettgehalt und darunter vorkommen, daß sich weniger Ätherfettlösung abscheidet, als zum Schwimmen des Aräometers erforderlich ist, so hilft man sich, indem man die Ätherfettlösung aus zwei Schüttelflaschen zur Füllung des Aräometerrohres benützt; man drückt zuerst den Inhalt der einen Flasche in das Aräometerrohr, setzt den Kork mit Glasröhren und Gummibällen auf die zweite und ergänzt die Flüssigkeitsmenge, bis das Aräometer schwimmt.

Auch für die aus Magermilch abgeschiedene Ätherfettlösung beträgt die Korrektur für die Temperatur für einen Grad Celsius einen Grad am Aräometer (d. h. für 1 Grad Celsius über $17,5^0$ ist 1 Grad am Aräometer hinzuzuzählen und umgekehrt), wenn die Temperatur bei der Ablesung zwischen 16 und 19^0 liegt. Für Magermilch ist ein besonderes, zu dem Untersuchungsapparat passendes Aräometer für die spezifischen Gewichte 0,743—0,721 erforderlich. Die Fettgehalte ergeben sich aus Tabelle II des Anhanges.

Bei sehr fettreicher Milch oder Rahm, zu deren Bestimmung die Aräometerskala nicht mehr ausreicht, nimmt man nur 100 ccm anstatt 200, verdünnt mit 100 ccm Wasser und verdoppelt die gefundene Fettzahl.

c) **Bestimmung nach Wollny.** Die Ausführung der Methode geschieht in nachstehender Weise: 20 ccm Milch werden auf $17,5^0$ temperiert, mit 2 Tropfen Eisessig und 4 ccm Äther (spez. Gew. = 0,720) versetzt und 5 Minuten lang im Schüttelapparat geschüttelt. Hierauf wird weiter 1 ccm Wollnysche Kupfercarbonatlauge zugegeben, nochmals 2 Minuten lang geschüttelt und die Probegläser sodann 3 Minuten lang zentrifugiert. Von der durch das Ausschleudern erhaltenen Ätherfettlösung wird mit Hilfe einer engen Glasröhre eine geringe Menge zwischen die Prismenflächen gebracht, indem man die Ätherfettlösung durch einen am Prismengehäuse befindlichen Spalt einfließen läßt. Dann liest man den betreffenden Teilstrich ab, mit dem sich der Brechungswinkel deckt, d. h. die Grenzlinie des hellen und dunklen Gesichtsfeldes. Die genauere Einstellung und die Ablesung der Zehntel wird mit Hilfe einer kleinen beweglichen Schraube bewirkt, welche sich an der Seite oberhalb der Prismenfläche befindet. Um genaue Ergebnisse zu erhalten, ist auf genaues Einhalten der Temperatur von 17,5° beim Ablesen zu achten. Diese Temperatur läßt sich dadurch erreichen, daß beständig Wasser von 17,5° durch das Prismengehäuse, von einem etwas höheren Standort als das Refraktometer, gelassen wird. Aus der für die Ablenkung des Lichtes erhaltenen Zahl wird mit Hilfe der Tabelle III im Anhange der prozentische Fettgehalt der betreffenden Milchprobe ermittelt.

Die notwendige Kupfercarbonatlauge setzt sich folgendermaßen zusammen:

Kalilauge (1 + 1)	500,0
Glycerin Ph. G.	250,0
Destilliertes Wasser	250,0
Grünes basisch-kohlensaures Kupfer	100,0
	1100,0

Die Anschaffung eines Wollnyschen Refraktometers nebst Zubehör stellt sich auf ungefähr 250 M.

Bei der Naumannschen Modifikation der Methode nimmt man 30 ccm Milch, 5 Tropfen Essigsäure und 6 ccm Äther. Auch kann man die Fettprozente direkt im Refraktometer ablesen, da die Naumannsche Tabelle sozusagen neben die Skala im Fernrohre des Refraktometers gelegt ist.

Die älteren Refraktometer haben eine etwas längere hundertteilige Skala wie die neueren Instrumente. Es ist daher bei der Anschaffung stets zu berücksichtigen, ob nach der Wollnyschen Originalvorschrift (älteres Instrument) oder nach der Modifikation von Naumann (neues Instrument) gearbeitet werden soll. Der Verfasser hält die Naumannsche Modifikation für keine Verbesserung des Originalverfahrens, zumal auch die refraktometrische Bestimmung des Milchzuckers in der Milch nach Braun auf das ältere Instrument eingestellt ist.

d) Bestimmung nach Adams. Nach dieser Methode werden 6—7 g Milch aus einer kleinen gewogenen und später zurückzuwägenden Spritzflasche auf einen horizontal ausgespannten 50—60 cm langen und ca. 6 cm breiten, vorher mit Äther anhaltend extrahierten und getrockneten, fettfreien Filtrierpapierstreifen aufgespritzt. Nachdem der Streifen lufttrocken geworden, rollt man ihn leicht zusammen, umwickelt ihn mit einem feinen Platindraht, trocknet vorsichtig bei 100° und extrahiert ihn 8 Stunden lang mit Äther. Die Firma Karl Schleicher und Schüll in Düren liefert geeignete Papierstreifen, welche durch 30fache Behandlung mit Äther entfettet sind. Je 100 Stück dieser Streifen, sauber in starker Pappschachtel verpackt, in der vorgeschriebenen Größe 65 × 560 mm, kosten 7,00 M.

Die Adamssche Methode war früher die Standardmethode zur Bestimmung des Fettgehaltes der Milch, während diesen Platz jetzt die Methode von Gottlieb-Röse einnimmt.

e) **Bestimmung nach Gottlieb-Röse.** Für die Ausführung dieser Bestimmung empfiehlt Gordan eine von Röhrig konstruierte Bürette, die das lästige Abhebern der Äther-Petroläther-Fettschicht überflüssig macht. Die Bürette gestattet mittels eines Glashahnes ein einfaches Ablassen der Äther-Fettschicht in die Wägekölbchen.

Das Arbeiten mit dieser Bürette gestaltet sich wie folgt:

Man pipettiert 9,7 ccm Milch in die Stehbürette von Röhrig, versetzt mittels eines Automaten, wie er zum Abmessen von Amylalkohol oder Schwefelsäure bei dem Gerberschen Verfahren jetzt gebräuchlich ist, mit 2 ccm starken Ammoniak, 10 ccm Alkohol (90 %), mischt durch Umschwenken und fügt unter jedesmaligem Umschütteln je 25 ccm Äther und 25 ccm niedrig siedenden Petroläther hinzu. Nach völligem Absetzen (nach etwa 1 Stunde) läßt man die Hälfte der Äther-Petrolätherschicht in eine gewogene Schale (Becherglas) ablaufen und verdunstet das Lösungsmittel. Nach kurzem Trocknen ergibt das mit 20 multiplizierte Gewicht des zurückbleibenden Fettes direkt die Prozente an Milchfett.

Neuerdings hat Eichloff das Verfahren umgestaltet und es mit besonderer Apparatur so eingerichtet, daß es sowohl für Rahm, Vollmilch, Magermilch, Buttermilch, Molken, Trockenmilch, Butter und Käse angewendet werden kann.

Die Arbeitsweise nach dieser Modifikation ist folgende:

Man tariert den Eichloffschen Schüttelkolben mit Stopfen und mißt 10 ccm Milch hinein. Darauf wird der verschlossene Kolben gewogen, das Gewicht der Milch notiert, 1 ccm Ammoniak hinzugegeben und leicht geschüttelt. Alsdann gibt man 10 ccm

Alkohol hinzu und schüttelt leicht um. Nun fügt man 25 ccm wasserfreien Äther hinzu, schüttelt kräftig durch und versetzt mit 25 ccm Petroläther (Siedepunkt höchstens 60⁰), vermischt leicht und läßt mindestens 6 Stunden stehen. Hierauf versieht man den Schüttelkolben mit dem Heber, setzt ihn sowie das Trockenkölbchen in das Gestell und hebert die klare Lösung aus dem Schüttelkolben in das Trockenkölbchen hinein. Dann spült man zweimal mit je 25 ccm Äther nach und hebert jedesmal in das erste Kölbchen ab, so daß sich in diesem ungefähr 100 ccm Flüssigkeit befinden. Nunmehr wird die Äther-Petroläthermischung abdestilliert (bzw. durch Einstellen des Kölbchens in heißes Wasser verjagt) und das Kölbchen bei ungefähr 105⁰ im Trockenschrank bis zur Gewichtskonstanz getrocknet. Der Fettgehalt wird berechnet nach der Formel $f = \dfrac{F \times 100}{m}$, in welcher f der prozentische Fettgehalt, F die gewogene Fettmenge und m das Gewicht der angewendeten Milchmenge bedeutet.

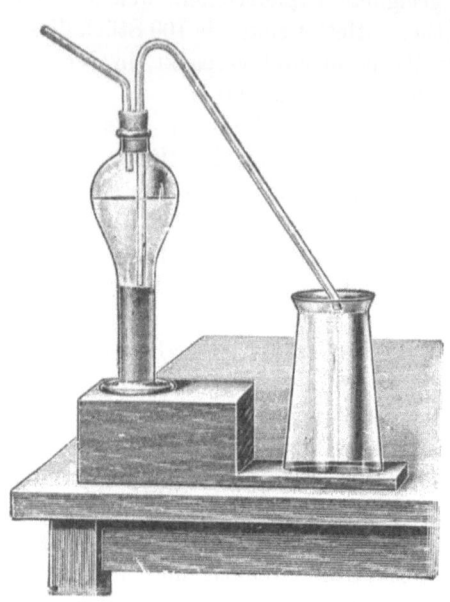

Fig. 4.
Schüttelkolben mit Heber und Trockenkolben nach Eichloff.

f) **Bestimmung (Acidbutyrometrie) nach Gerber.** Die Acidbutyrometrie nach Gerber ist eine gute Fettbestimmungsmethode. Sie ist leicht und schnell durchzuführen und liefert genaue Resultate. Das Prinzip, auf dem diese Methode aufgebaut ist, ist folgendes:

Durch Zusatz von Schwefelsäure zur Milch werden beinahe sämtliche Nichtfette der Milch aufgelöst; nur das Fett wird von der Schwefelsäure nicht angegriffen und scheidet sich — selbst in kleinsten Mengen (0,05—0,10 %) in fettarmen Milchen — in einer unter Zusatz von Amylalkohol durchsichtigen und klaren Fettlösung ab. Begünstigt und vollendet wird die Fettabscheidung durch die Wärme (Wasserbad) und die Zentrifugalkraft (Zentrifuge). Die Mischung der Milch mit den Chemikalien, das Erwärmen und Schleudern wird in einem besonders geformten Glasinstrumente, dem Butyrometer, vorgenommen; an der Skala desselben wird das abgeschiedene Fett in Prozenten direkt abgelesen.

Behufs Ausführung der Bestimmung werden folgende Manipulationen vorgenommen:

In das gut gereinigte Butyrometer läßt man 10 ccm Schwefelsäure vom spez. Gew. 1,820—1,825, 11 ccm Milch und 1 ccm Amylalkohol hineinfließen. Nach der Füllung wird das Butyrometer durch einen eingeschraubten Gummistopfen fest geschlossen, rasch und kräftig geschüttelt. Die Flüssigkeiten mischen sich unter starker Wärmeentwicklung, das Casein und die anderen Stoffe der Milch außer Fett werden durch die Schwefelsäure gelöst und das Fett frei. Alsdann wird 5 Minuten lang zentrifugiert. Durch dieses Verfahren hat sich das Fett klar abgeschieden, und seine Menge kann rasch, leicht und genau an der Skala des Butyrometers abgelesen werden.

Beim Ablesen sollen die Proben im Butyrometer die Temperatur zwischen 60—70°, möglichst von 65° haben, da die Skala auf diese Temperatur justiert ist. Man legt darum die Butyrometer vor dem Ablesen noch einige Minuten in das möglichst 65° warme Wasserbad, und zwar so, daß die Fettschicht in der Skala von dem warmen Wasser bedeckt ist.

Fig. 5. Flachbutyrometer.

Wenn man das Butyrometer aus dem Wasserbade herausnimmt und mit der Spitze senkrecht nach oben hält, so daß sich die Fettschicht in der Höhe des Auges befindet, so muß das Fett klar und durchsichtig erscheinen und sich scharf von dem darunter befindlichen dunkleren Säuregemisch abheben.

Befinden sich in der Fettsäure Luftblasen, so beseitigt man dieselben durch sanftes Anschlagen der Prüfer an die innere Handfläche. Ist die Fettschicht nicht klar oder nicht scharf abgegrenzt, so wird das Butyrometer noch einmal kurz zentrifugiert. Man nimmt nun das Butyrometer mit gut ausgeschiedenem Fett in die Hand, hält es gegen das Licht, stellt die Trennungsschicht zwischen Fett und Säure durch leichtes Drücken gegen den Gummistopfen oder eventuell durch leichtes Ziehen desselben so ein, **daß sie mit einem der großen Teilstriche der Skala 1, 2, 3 oder 4 zusammenfällt und liest dann als obere Grenze an der Skala den Punkt ab, welcher durch die unterste Grenze des Fettbogens angezeigt wird.**

Die Skala ist geteilt in ganze Prozente Fett und jedes Prozent wieder in 10 Unterabteilungen. Man kann mit Leichtigkeit die Hälfte eines Zehntels noch ablesen. Geübte Beobachter vermögen sogar mit Sicherheit den zehnten Teil zwischen zwei kleinen Teilstrichen noch zu schätzen, das sind Hundertstel Prozent Fett.

Ist der Standpunkt des Meniscus beispielsweise abgelesen zu 5,35, und die Säure reichte bis zum Teilstrich 2, so ist der Fettgehalt 3,35 % Fett in 100 Gewichtsteilen Milch.

Man lese stets zweimal ab und schaue ja, ob der Einstellungspunkt mit dem Zapfen auch wirklich festgehalten wurde, ansonst es um 0,05—0,1 % differieren könnte. Stimmen zwei Ablesungen nicht untereinander, so setze man die Butyrometer noch einmal kurz ins Wasserbad und lese nochmals ab. Der verwendete Amylalkohol soll das spez. Gew. 0,815 bei 15° bzw. einen Siedepunkt von 128—130° haben.

Magermilchproben dürfen, nachdem die Milch in der Säure gelöst ist, nicht sofort in die Zentrifuge oder ins Wasserbad wandern wie bei der Vollmilch, sondern müssen 2—3 Minuten geschüttelt werden, und zwar im Anfang etwas schwächer, nachher mäßig stark. Dieses Schütteln dient dazu, die spärlichen Fettkügelchen besser frei zu machen und die Ausschleuderung zu erleichtern. Um der Abscheidung der letzten Spuren Fett sicher zu sein, ist es **absolut notwendig**, die Proben 3 mal je 2—3 Minuten zu schleudern und diese vor der ersten und zwischen den einzelnen Schleuderungen für einige Minuten im Wasserbade von 60—70° gut anzuwärmen.

Im allgemeinen gibt die Fettbestimmung der Magermilch nach Gerbers Methode zu niedrige Werte; am sichersten geht man mit den Verfahren von Gottlieb - Röse.

Der Preis einer kleinen Zentrifuge „Perplex" für 2 Proben beträgt 14,00 M; jedes einzelne Butyrometer kostet durchschnittlich 1,50 M, so daß der Apotheker für die geringe Ausgabe von 17 M in den Besitz eines unverwüstlichen, guten Untersuchungsapparates gelangen kann.

g) Salmethode nach Gerber. Die bei der Acidbutyrometrie auftretenden Schädigungen durch Schwefelsäure usw. will die Salmethode dadurch vermeiden, daß an die Stelle der Schwefelsäure eine alkalische Salzlösung tritt, der Amylalkohol durch den Isobutylalkohol ersetzt und das Arbeiten bei mäßiger Wärme ermöglicht wird. Die Sallösung wird durch Auflösen des käuflichen Salpulvers in einem Liter Wasser und darauffolgender Filtration hergestellt. Das Salpulver besteht aus Ätznatron und Kaliumnatriumtartrat.

Fig. 6.
Zentrifuge für Milchfettbestimmungen.

Von der nach Anweisung selbst bereiteten Sallösung gibt man in die Gerberschen Butyrometer, wie man sie zur Acidbutyrometrie benutzt, 11 ccm, sodann 10 ccm Milch und 0,60 ccm „Butyl". Man schüttelt nun kräftig durch, setzt die Butyrometer 3 Minuten lang in ein Wasserbad von 45°, schüttelt wieder durch, zentrifugiert 3 Minuten lang und liest bei 45° den Fettgehalt an der Skala ab.

Neuerdings hat Gerber auch ein völlig **säure- und laugenfreies** Verfahren bekannt gegeben, das sogenannte **Neusalverfahren**. Nach Ansicht des Verfassers wird der Apotheker und Chemiker nach wie vor sich der bewährten Acidbutyrometrie bedienen, da er gewöhnt ist, mit ganz anderen Dingen vorsichtig umzugehen, als wie mit den für ihn verhältnismäßig harmlosen Säuren und Laugen.

h) Sinacidbutyrometrie nach Sichler. Das Verfahren arbeitet mit Sinacidsalzlösung (alkalische Tartratlösung) und Sinol (Butylalkohol). Der Vorteil der Sinacidbutyrometrie soll ebenso wie bei der Salmethode darin liegen, daß die Ausführung bei der geringen Wärme von 45° stattfindet, und daß infolgedessen ein Verbrennen der Hände, ein Herausfliegen der Gummistopfen aus den Butyrometern, ein Zerspringen derselben sowie alle übrigen Nachteile, welche die heißen Verfahren im Gefolge haben, in Wegfall kommen. Die wichtigsten Apparate zur Ausführung der Sinacidbutyrometrie sind die Sinacidbutyrometer, eine Zentrifuge und ein Wasserbad. Das Prinzip des Verfahrens ist die Auflösung des Käsestoffes und die Ausfällung der Albuminate durch das Sinacidsalz, ferner die Überführung des Fettes in transparente Form mit Hilfe des Sinols und Abscheidung desselben mittels der Zentrifugalkraft.

Die Ausführung des Verfahrens geschieht kurz wie folgt: Man füllt in das Butyrometer 11 ccm Sinacidsalzlösung, 10 ccm Milch und 0,60 ccm Sinol, verschließt, schüttelt, erwärmt 3 Minuten im Wasserbad bei ca. 45°, schüttelt nochmals kurz durch, zentrifugiert etwa 3 Minuten und liest bei 45° das Resultat ab.

Die Abmessung des Sinols muß, um gute Resultate zu erzielen, sehr genau erfolgen.

Der Öffentlichkeit übergeben wurde das Verfahren von Sichler im Jahre 1904. Einen vollwertigen Ersatz für die Acidbutyrometrie bietet jedoch die Sinacidbutyrometrie auf keinen Fall.

5. Bestimmung der Eiweißstoffe.

a) Bestimmung des gesamten Eiweißes. Die Bestimmung gründet sich zurzeit fast ausnahmslos auf die Ermittlung des Stickstoffgehaltes nach der Methode von Kjeldahl.

Zur Ausführung der Analyse werden 10 ccm Milch mit 20 ccm Schwefelsäure und ungefähr 0,5 g Quecksilber in einem langhalsigen Kölbchen aus gut gekühltem Glase erhitzt. Um das Schäumen zu verhüten, ist es vorteilhaft, ein Stückchen Paraffin in den Kolben mit hineinzugeben. Man erhitzt anfangs sehr vorsichtig, direkt über der Flamme; später verstärkt man die Flamme und erhitzt so lange, bis vollständige Klärung der Flüssigkeit eingetreten ist. Wird die Erhitzung zu früh unterbrochen, so wird zu wenig Stickstoff gefunden. Darauf läßt man erkalten, verdünnt mit Wasser, spült die Flüssigkeit in einen Destillierkolben und versetzt mit so viel starker Natronlauge (300 g nitratfreies NaOH wird in 1 Liter Wasser gelöst), bis gerade noch saure Reaktion vorhanden ist. Dabei erwärmt sich die Flüssigkeit ziemlich stark, und es könnte Ammoniak verloren gehen, wenn die Lösung nicht zunächst noch sauer gehalten würde. Nach dem Erkalten wird eine Lösung von Schwefelkalium (40 g K_2S wird in 1 Liter Wasser gelöst) zugesetzt, bis alles Quecksilber aus-

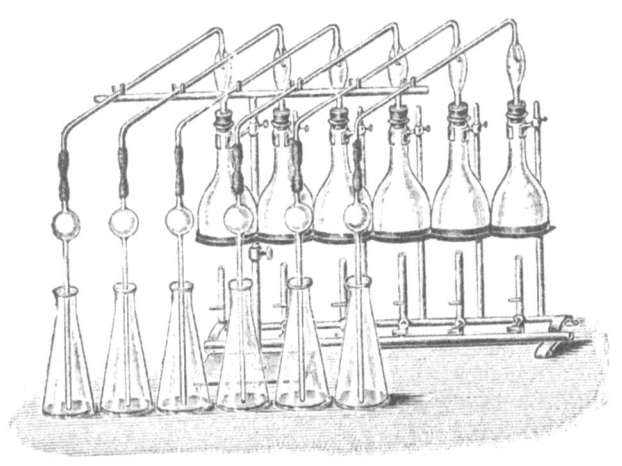

Fig. 7.
Destillationsapparat zur Bestimmung der Eiweißstoffe.

gefällt ist, worauf Natronlauge zugefügt wird, um das Ammoniak freizumachen. Die Ausfällung des Quecksilbers durch Schwefelkalium geschieht, um die Bildung von Mercurammoniumverbindungen, welche durch Alkalien nur unvollkommen zersetzt werden, zu verhüten. Aus der mit Natronlauge übersättigten Flüssigkeit wird nach Hinzufügung von Bimssteinstücken (Verhinderung des Stoßens) das Ammoniak in eine Vorlage abdestilliert, welche 25 ccm halbnormale Schwefelsäure enthält. Den Vorstoß läßt man in die vorgelegte Schwefelsäure eintauchen, bis Wasserdämpfe in die Vorlage übergehen; später ist das Eintauchen nicht mehr nötig. Wenn das Stoßen der kochenden Flüssigkeit beginnt, ist sicher alles Ammoniak überdestilliert. Man spült den Vorstoß aus und titriert nach Zusatz von Lackmustinktur die überschüssige Schwefelsäure mit ½-Normal-Alkali zurück (1 ccm ½-Normal-H_2SO_4 = 0,007 g N) (Fig. 9).

Das Casein der Milch besitzt nach Hamarsten einen Stickstoffgehalt von 15,65 %, das Milchalbumin nach Sebelin einen solchen von 15,77 %. Durch Multiplikation des gefundenen Stickstoffs mit dem Faktor 6,37 erhält man die Gesamtmenge der Eiweißstoffe.

b) Bestimmung des Caseins. Für die Analyse der Milch der verschiedenen Tierarten wird mit Vorliebe benutzt die Methode nach Hoppe-Seyler, welche bei sorgfältigster Ausführung recht genaue Resultate ergibt. Die Bestimmung des Caseins geschieht hiernach wie folgt: 20 ccm Milch werden mit Wasser auf 400 ccm verdünnt und unter Umrühren sehr verdünnte Essigsäure (1 : 100) in einzelnen Tropfen hinzugefügt, bis ein flockiger Niederschlag entsteht. Darauf leitet man während einer ½ Stunde einen Strom von Kohlensäure durch die Flüssigkeit und läßt diese dann 12 Stunden zur Klärung stehen. Ist dies geglückt, so filtriert man erst die klare Flüssigkeit, zuletzt den Niederschlag mit Hilfe zurückgegossener Portionen des Filtrates auf ein gewogenes Filter und wäscht einmal mit Wasser aus. Im Filtrate befinden sich Albumin, Milchzucker und etwas gelöstes Kasein. Hierauf wird der Niederschlag einmal mit Alkohol und dann mit Äther extrahiert. Das entfettete Casein wird mit dem Filter bei 120—125° getrocknet und gewogen, darauf bei Luftzutritt im Platintiegel geglüht, bis alle organische Substanz zerstört ist. Das Gewicht der dabei verbleibenden Asche ist von dem des Caseins in Abzug zu bringen.

Um das Casein in der Frauenmilch zu bestimmen, werden 20 ccm derselben nach zehnfacher Verdünnung mit Wasser tropfenweise so lange mit 0,4 proz. Essigsäure versetzt, bis ein körniger Niederschlag entsteht. Dann wird unter Erwärmen auf 40° eine halbe Stunde lang Kohlensäure eingeleitet und nach 20—24 Stunden filtriert. Im weiteren verfährt man, wie oben angegeben.

c) Bestimmung des Albumins. Indirekt berechnet sich die Menge des Albumins aus der Differenz zwischen Casein und Gesamteiweiß.

Die direkte Bestimmung des Albumins hätte folgendermaßen zu geschehen:

Das Filtrat von der Caseinbestimmung nach Hoppe-Seyler enthält Milchzucker und Albumin. Dieses Filtrat wird in einer Porzellanschale einige Minuten lang im Sieden erhalten, wobei das Albumin gerinnt und dabei die geringen Mengen von vorhandenem Globulin einhüllt. Man sammelt das Albumin auf einem gewogenen Filter, wäscht mit kaltem Wasser aus, trocknet bei 120—125° und wägt.

6. Bestimmung des Milchzuckers.

a) Polarimetrische Bestimmung nach Scheibe. Wenn auch nicht viele Apotheker im Besitze eines Polarisationsapparates sind, so befindet sich ihr Wohnsitz doch häufig in Orten mit Zuckerfabriken, die ihrerseits ein solches Instrument besitzen und es wohl auch stets gerne zur Verfügung stellen.

75 ccm Milch werden mit 7,5 ccm Schwefelsäure von 20 Gewichtsprozenten und 7,5 ccm einer Quecksilberjodidlösung versetzt, die wie folgt bereitet wird: 40 g Jodkalium werden in 200 ccm Wasser gelöst, mit 55 g Quecksilberjodid geschüttelt, zu 500 ccm aufgefüllt und vom ungelöst gebliebenen Quecksilberjodid abfiltriert. Nach dem Auffüllen der mit den Klärflüssigkeiten versetzten Milch zu 100 ccm wird das Filtrat im 4-dm-Rohr bei 17,5° polarisiert. Bei Benutzung des Halbschattenapparates mit doppelter Quarzkeilkompensation von Schmidt und Hänsch ist ein Saccharimetergrad auf 0,16428 g Milchzucker in 100 ccm Lösung umzurechnen. Bei Polarisationsapparaten mit Kreisteilung und Natriumlicht ist bei 20° zu polarisieren und ein Grad im 4-dm-Rohr = 0,4759 g Milchzucker in 100 ccm Milch zu setzen. Zur Beseitigung des durch das Volumen des Niederschlages hervorgerufenen Fehlers ist folgende Korrektur anzubringen: bei Vollmilch ist der gefundene Milchzuckergehalt mit 0,94, bei Magermilch mit 0,97 zu multiplizieren.

b) Gewichtsanalytische Bestimmung nach Soxhlet. 25 ccm Milch werden mit 400 ccm Wasser verdünnt und zur Ausfällung der Eiweißstoffe mit 10 ccm Kupfervitriollösung, welche 63,5 g Kupfersulfat im Liter enthält, sowie zum Ausfällen des Kupfers mit 6,5—7,5 ccm einer Natronlauge versetzt, welche 10,2 g NaOH pro Liter enthält. Die Flüssigkeit muß nach dem Zusatz der Lauge noch schwach sauer oder neutral sein und darf etwas Kupfer gelöst enthalten. Man versetzt dann mit 20 ccm einer kalt gesättigten Fluornatriumlösung und läßt eine halbe Stunde stehen, füllt hierauf genau auf 500 ccm auf und filtriert durch ein trockenes Faltenfilter. Von dem klaren Filtrat versetzt man 100 ccm mit 50 ccm Fehlingscher Lösung, welche man sich unmittelbar vorher bereitet durch Mischen von 25 ccm Kupferlösung, 20 ccm Seignettesalzlösung und 5 ccm Natriumoxydhydratlösung (Darstellung der Lösungen siehe weiter unten). Man erhält die Flüssigkeit 6 Minuten lang im Sieden, und sammelt das ausgeschiedene Kupferoxydul in einem gewogenen Soxhletschen Asbestfilterröhrchen. Damit die Flüssigkeit durchfiltriert, ist es notwendig, daß man das Röhrchen auf eine Saugflasche steckt. Das auf dem Asbest zurückbleibende rote Kupferoxydul wird nacheinander mit kochendem Wasser, Alkohol und Äther ausgewaschen. Das Röhrchen wird im Trockenschrank vollständig getrocknet und sodann gewogen. Das entsprechende Kupfer findet man durch Multiplikation mit dem Faktor 0,888.

Die Darstellung der Fehlingschen Lösung geschieht wie folgt: 1. Kupferlösung: 69,278 g krystallisiertes, chemisch reines schwefelsaures Kupfer werden in Wasser gelöst und durch Zusatz von Wasser auf 1000 ccm gebracht. 2. Seignettesalzlösung: 173 g Kalium-Natrium-Tartrat werden in Wasser gelöst und auf 400 ccm aufgefüllt. 3. Natriumoxydhydratlösung: 51,6 g Natriumoxydhydrat werden in Wasser gelöst und auf 100 ccm ergänzt. Bewahrt man die Lösungen getrennt auf, so bleiben sie längere Zeit unverändert.

Die Tabelle IV zur Ermittelung des Milchzuckergehaltes nach der Menge des gefundenen Kupfers siehe S. 79.

c) **Maßanalytische Bestimmung nach Soxhlet.** Bei der maßanalytischen Methode nach Soxhlet wird die Menge von Fehlingscher Lösung ermittelt, welche durch eine gegebene Menge der Zuckerlösung vollständig reduziert wird. Als Berechnungszahl gilt der von Soxhlet ermittelte Wert: 1 g Milchzucker reduziert 147,8 ccm Fehlingscher Lösung, oder 100 ccm Fehlingscher Lösung entsprechen 0,676 g Milchzucker. Die zu verwendende Flüssigkeit wird auf gleiche Weise wie bei der gewichtsanalytischen Bestimmung hergestellt.

Im allgemeinen sind die maßanalytischen Bestimmungen etwas langwierig und bisweilen sogar etwas unsicher.

Man füllt 6 Reagenzgläser mit je 5 ccm der Milchzuckerlösung, setzt der Reihe nach 1—6 ccm Fehlingscher Lösung zu und stellt 20 Minuten in das kochende Wasserbad. Alsdann sieht man, in welchen Röhrchen die Reduktion gerade beendet ist und variiert, den Versuch wiederholend, die Mengen der Fehlingschen Lösung, so daß, wenn bei 4 ccm die Reduktion eine fast vollständige war, man nun 4,0, 4,1—4,5 ccm Fehlingscher Lösung verwendet und so den genauen Endpunkt erreicht.

d) **Refraktometrische Bestimmung nach Wollny.** Die Ausführung der Methode, welche ohne Zweifel die einfachste von allen ist, geschieht in der Modifikation von Braun wie folgt: 5 ccm Milch werden in einem Wollnyschen Probegläschen mit 5 Tropfen einer 4 proz. Chlorcalciumlösung versetzt. Das Gläschen verschließt man mit einem Korkstopfen, welchen man zur Vorsicht mit einem Faden überbindet, und stellt es 10 Minuten in ein kochendes Wasserbad. Hierauf wird durch Einstellen in kaltes Wasser abgekühlt, das Serum in ein Glasröhrchen, welches behufs Filtration an einem Ende mit einem Wattebäuschchen verschlossen ist, aufgesaugt, ein Tropfen zwischen die Refraktometerprismen gebracht und bei 17,5° abgelesen. Nach dem Ablesen kann man den Milchzuckergehalt direkt in Prozenten aus der Tabelle V, S. 81 ersehen. Bei der Bestimmung darf die Chlorcalciumlösung nicht schwächer als 4 prozentig sein, und ebenso muß das Serum absolut klar sein. Die Ablesung muß sofort geschehen.

7. Bestimmung der Mineralbestandteile.

20 g Milch werden im Tiegel auf dem Wasserbade zur Trockne verdampft. Der Rückstand wird mit ganz kleiner Flamme erhitzt. Dabei soll die Flamme den Tiegel nicht berühren. Wenn die Masse keine riechenden Dämpfe mehr abgibt, übergießt man die Kohle mit kochendem Wasser, gießt die Lösung durch ein kleines Filter, wobei man die Kohle, soweit wie tunlich, in der Schale zurückläßt. Die Kohle samt derjenigen auf dem Filter wird nun getrocknet, mit kleiner Flamme verbrannt und dann so lange erhitzt, bis die Asche eine rein weiße Farbe besitzt. Nun gießt man die wäßrige Lösung der Chloride im Becherglas in den Tiegel zurück, verdampft auf dem Wasserbade zur Trockne, erhitzt den Rückstand ganz kurze Zeit bis zur beginnenden Rotglut und wägt.

8. Rechnerische Ermittelung einzelner Milchbestandteile.

Außer durch chemische Methoden können einzelne Bestandteile der Milch auch rechnerisch ermittelt werden. Derartige Methoden und Formeln sind von Fleischmann, Nisius und anderen angegeben worden. Sie sind ganz besonders wichtig für den Nachweis von Milchfälschungen. Die Begründung der Formeln kann an dieser Stelle unterbleiben, es genügt, auf ihre Wichtigkeit hinzuweisen. Fleischmann bezeichnet behufs Aufstellung seiner Formeln die einzelnen Werte mit folgenden Buchstaben:

s = das spezifische Gewicht der Milch bei 15°.
f = der prozentische Gehalt der Milch an Fett.
r = der prozentische Gehalt an fettfreier Trockensubstanz.
t = der prozentische Gehalt an gesamter Trockensubstanz.
p = prozentischer Fettgehalt der Trockensubstanz.
m = spezifisches Gewicht der Trockensubstanz bei 15°.

Bei der abgekürzten Milchuntersuchung nach Fleischmann bestimmt man unmittelbar nur die Werte s und f. Alle übrigen Werte berechnet man nach den folgenden Formeln.

a) Trockensubstanz. Nach Fleischmann ergibt sich der Gehalt an Trockensubstanz nach der Gleichung:

$$t = 1{,}2 \cdot f + 2{,}665 \, \frac{100 \cdot s - 100}{s}.$$

b) Fett. Die Gleichung zur Berechnung des Fettgehaltes lautet:

$$f = 0{,}833 \cdot t - 2{,}22 \, \frac{100 \cdot s - 100}{s}.$$

c) Spezifisches Gewicht. Ist Fettgehalt und Trockensubstanz bekannt, so berechnet sich das spezifische Gewicht wie folgt:

$$s = \frac{1000}{1000 - 3{,}75 \, (t - 1{,}2 \cdot f)}.$$

d) Fettfreie Trockensubstanz. Die fettfreie Trockensubstanz, ergibt sich aus der Trockensubstanz nach Abzug des Fettes:

$$r = t - f.$$

Sie läßt sich auch aus dem abgelesenen Laktodensimetergrad d und dem Fettgehalt f der Milch nach folgender Formel ermitteln:

$$r = \frac{d}{4} + \frac{f}{5} + 0{,}26.$$

e) **Prozentischer Fettgehalt der Trockensubstanz.** Ist Trockensubstanz und Fett durch Analyse oder Berechnung bekannt, so ergibt sich der prozentische Fettgehalt der Trockensubstanz nach der Formel:

$$p = \frac{100 \cdot f}{t}.$$

f) **Spezifisches Gewicht der Trockensubstanz.** Das spezifische Gewicht der Trockensubstanz ergibt sich aus der Gleichung:

$$m = \frac{s \cdot t}{s \cdot t - (100 \cdot s - 100)}.$$

g) **Sonstige Bestandteile.** Nach Vieth lassen sich aus den Werten für Fett und spezifisches Gewicht oder Trockensubstanz und spezifisches Gewicht die Mengen des in der Milch vorhandenen Milchzuckers, der Eiweißstoffe und der Mineralbestandteile annähernd richtig ermitteln. Die genannten Stoffe sind in der fettfreien Trockensubstanz im ungefähren Verhältnis von 13 : 10 : 2 vorhanden, oder 100 Teile fettreier Trockensubstanz bestehen aus 52 Teilen Milchzucker, 40 Teilen Eiweißstoffen und 8 Teilen Salzen.

Es läßt sich demnach aus nur 2 gegebenen Werten (s und f) ziemlich genau die ganze Zusammensetzung der Milch berechnen.

9. Bestimmung des Säuregehaltes.

a) **Die Säurebestimmung durch Titration.** Unter dem Einfluß der Milchsäurebakterien geht eine Veränderung der Milch vor sich, durch welche ein Teil des Milchzuckers in Milchsäure umgewandelt wird. Solange nur Spuren dieser Säure entstanden sind, wird dadurch keine äußerlich wahrnehmbare Veränderung hervorgerufen. Erhalten jedoch Kinder fortgesetzt Milch mit größerem Säuregehalt, so glaube ich wohl annehmen zu dürfen, daß die Kinderärzte mit dieser quantitativ dadurch verschlechterten Milch nicht einverstanden sind. Schließlich verträgt die Milch bei fortgeschrittener Säuerung nicht mehr das Erhitzen. Um sich nun von dem Säuregrade, in welchem die Milch sich befindet, zu überzeugen, ist eine Bestimmung des augenblicklich vorhandenen Säuregehaltes von Wichtigkeit. Die genaue Bestimmung des Säuregrades geschieht stets durch Titrieren mit Alkalilösung von bekanntem Gehalte unter Verwendung von Phenolphthalein als Indikator. Dabei verwenden Soxhlet und Henkel 100 ccm Milch, die mit 2 ccm Phenolphtalein-Lösung versetzt wird, und setzen aus einer Bürette Viertelnormalnatronlauge zu, bis die Milch gerade eine rötliche Färbung annimmt. Jedes hierzu erforderliche Kubikzentimeter Alkali wird als ein Säuregrad bezeichnet. Normale Milch, wie sie von der Kuh kommt, zeigt durchschnittlich 7 Säuregrade; Milch, die eben im Gerinnen begriffen ist, ungefähr 13 Säuregrade oder mehr. Aber bereits bei 11 Säuregraden kann die Milch ein Aufkochen nicht mehr vertragen, sie gerinnt.

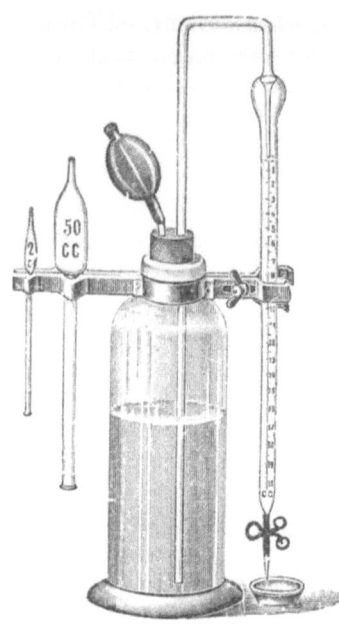

Fig. 8.
Automat zur Bestimmung des Säuregrades.

b) **Die Alkoholprobe.** Das Verfahren, die Milch zu titrieren, ist nur in Laboratorien anwendbar. Um nun die Beschaffenheit der Milch in bezug auf ihren Säuregehalt bzw. Zersetzungsgrad an Ort und Stelle zu kontrollieren, bedient man sich zweckmäßig des 68 proz. Äthyl-Alkohols. Man mischt 10 ccm Alkohol mit 10 ccm Milch in einem Reagenzglase, schüttelt um und beobachtet, ob das Gemisch ein gleichmäßiges geblieben ist, oder ob ein flockiges Gerinnsel auftritt. Ist das Gemisch nicht verändert, so ist die Milch gut und frisch; tritt Gerinnsel auf, so ist die Milch ansauer und hat zum wenigsten 8—9 Säuregrade.

Die Alkoholprobe ist also geeignet, schon die Anfangsstadien der Zersetzung ersichtlich zu machen, und zwar nicht nur die niederen Grade der Säuerung, sondern nach Morres auch die entsprechenden Grade der Labgärung.

Wird doppelt so viel Alkohol verwendet als Milch, so kann dadurch die Prüfung noch mehr verschärft werden, d. h. die Gerinnung tritt bei noch niedrigeren Zersetzungsgraden ein als bei der „einfachen" Alkoholprobe. Eine ähnliche Verschärfung erfährt die Alkoholprobe durch Verwendung von stärkerem Weingeist; z. B. ergibt ein 70volumprozentiger Weingeist eine um $\frac{1}{2}$ Stufe stärkere Gerinnung, oder es tritt nach Morres die Gerinnung schon bei etwa 0,2 niedrigeren Säuregraden ein, beginnt also bei ungefähr 7,8° mit sehr feinflockiger Ausscheidung.

In allen Milchregulativen, speziell aber bei der Verabfolgung von Kindermilch sollte darauf gehalten werden, daß die Milch die Alkoholprobe besteht.

Die früher gebräuchliche Kochprobe ist durch die schärfere Alkoholprobe fast gänzlich verdrängt worden.

10. Bestimmung des Schmutzgehaltes.

a) Zur Schmutzbestimmung bediente man sich bis vor kurzem des Renkschen und des Stutzerschen Verfahrens. Beide beruhen in Anbetracht der Unmöglichkeit, Schwebestoffe aus der Milch durch direktes Filtrieren zu gewinnen, auf der Erscheinung, daß sich die Schmutzteilchen nach einiger Zeit von selbst zu Boden senken.

Renk läßt zu diesem Zweck die Milch in einem bedeckten Zylinder zwei Stunden lang ruhig stehen. Nach Ablauf dieser Zeit hat sich der Schmutz am Boden abgelagert, und es wird die darüber stehende Milch vorsichtig mittels eines Hebers bis auf einen Rückstand von 30—40 ccm abgezogen. Der Rest wird mit Wasser bis zum ursprünglichen Volum verdünnt, bleibt eine Stunde zum Absetzen stehen, worauf die Flüssigkeit wieder abgezogen wird. Dieser Schlämmprozeß wird so oft wiederholt, bis sich über dem Schmutze ganz reines Wasser befindet, worauf der Schmutz auf einem bei 100° getrockneten, gewogenen Filter gesammelt und bei gleicher Temperatur getrocknet und gewogen wird. Da der Schmutz aber nicht im trockenen Zustande in die Milch gelangt, so wird das Fünffache der Trockensubstanz als vorhandener Schmutz angenommen. Nun ist es aber sehr schwierig, so abzuhebern, daß nicht leichte Schwebestoffe mit herausgesaugt werden. Des weiteren entstehen beim Auffüllen sehr leicht Wirbelbewegungen, die ein erneutes Abwarten nötig machen. Schließlich ist es überhaupt sehr langwierig, durch Abhebern und Auffüllen 1 Liter Milch und vor allem das beim Stehen aufgerahmte Fett zu entfernen, und eben deshalb sind so vielfache Handgriffe nötig, daß eine Menge Fehlerquellen sich ergeben, die das Verfahren recht ungenau machen.

b) Nach Stutzer wiederum läßt man den Schmutz direkt aus einer Milchflasche in ein mittels Gummischlauches angehängtes Reagenzrohr sich absetzen, eine Methode, die den Vorteil hat, daß man nur mit der Milchmenge des Reagenzglases zu arbeiten hat. Das Reagenzglas selbst wird von der Flasche nach 2 Stunden abgenommen. Aber auch hier muß wieder abgehebert werden, wobei die schon geschilderten Fehler sich einstellen können.

c) Das Eichloffsche Verfahren schließlich ist eine Kombination des vorigen mit Verwendung der Zentrifugalkraft. Die Reagenzgläser werden nach zweistündigem Stehen von der Flasche abgenommen und zentrifugiert. Dadurch setzt sich der vorhandene Schmutz als dicke Kruste an den Boden an und wird beim Abhebern der darüberstehenden Milch nicht so leicht aufgerührt, so daß die Fehlerquellen kleiner werden. Wenigstens gibt nach meinen Erfahrungen das Eichloffsche Verfahren gewichtsanalytisch die genauesten Resultate, und seine Anwendung ist überall da zu empfehlen, wo geeignete Laboratorien zur Verfügung stehen.

d) Die Schmutzprobe nach Gerber ist konstruktiv von derjenigen von Stutzer dadurch unterschieden, daß sie nicht in einer geschlossenen, sondern offenen Halbliterflasche ausgeführt wird, auch keine Quetschhähne oder Klemmschrauben zwischen dem Milchbehälter und dem Schmutzfänger verwendet werden; überdies der „Schmutzfänger" unten verjüngt und mit einer Einteilung versehen ist, um die Niederschläge approximativ abschätzen zu können.

Anstatt des langsamen Abfiltrierens, Trocknens und Wägens der Filter wiegt man die Röhrchen vorher lufttrocken und später nach dem Ausschlämmen des Milchschmutzes usw. mit Wasser, bei 100^0 bis zur Gewichtskonstanz gebracht, ab. Die Differenz der beiden Gewichte auf $\frac{1}{2}$ Liter Probemilch $\times$ 2 ergibt die Sedimente, quantitativ auf 1 Liter bezogen.

Ein Liter Milch darf nicht mehr als höchstens 10 Milligramm Schmutz enthalten.

e) Falls es sich nur um approximative Bestimmungen des Schmutzes handelt, kann der von Fliegel konstruierte Milchschmutzprüfer benutzt werden, um dem Milchlieferanten, der Polizei oder anderen Interessenten den Grad der Verschmutzung einer Milch vor Augen zu führen. Dieser Apparat besteht nur aus dem Eingußglas, einer losen Siebplatte und dem Siebträger. Man setzt das gut gereinigte Glas auf die auf den Siebträger gelegte Wattescheibe. Das Ganze wird bequem auf ein passendes sauberes Glas aufgesetzt. Nun gießt man die Milch in das Filterglas und läßt dieselbe, ohne das Glas zu berühren, ruhig durchfließen. Darauf wird das Glas von der Wattescheibe abgehoben, die Watte herausgenommen und auf eine weiße Papierunterlage oder weißen Pappkarton gelegt. Das Bild des zurückgehaltenen Schmutzes tritt dann ganz scharf hervor. War das Gefäß, in welches die filtrierte Milch gelaufen ist, ganz sauber, so wird bei nochmaligem Durchlaufen durch den Schmutzprüfer auf neuer Watte nicht der geringste Niederschlag entstehen. Die erhaltenen Schmutzplatten, direkt auf weiße Aktendeckel gelegt und schematisch geordnet, geben für Behörden ein statistisch geordnetes, bequemes und unbedingt beweisendes Material.

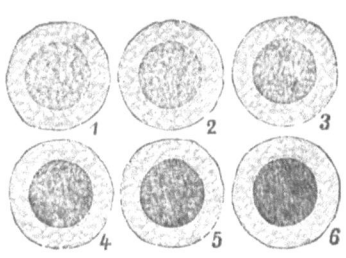

Fig. 9.
Schmutzplatten.

Auch das Henkelsche Kontrollfilter leistet gute Dienste, desgleichen der Funkesche Schmutzprober „Rekord", die beide auf ähnlichen Prinzipien aufgebaut sind.

11. Nachweis erhitzt gewesener Milch.

Beim Ausbruch ansteckender Viehseuchen, wie Maul- und Klauenseuche, Milzbrand u. dgl. wird die Erhitzung der Milch den Molkereien zur Vorschrift gemacht. Die Kontrolle über die stattgehabte Ausführung dieser Gesetzesmaßnahmen erfolgt durch nachstehende Verfahren:

a) **Guajaktinkturreaktion nach Arnold.** Tinctura Guajaci e ligno gibt mit frischer ungekochter Milch eine Blaufärbung, mit Milch, die auf 70—80° erwärmt gewesen ist, eine schwache Rosafärbung. Man nimmt ungefähr 1 ccm Tinktur auf 10 ccm Milch. Nicht jede Tinktur ist gleichwertig. Die Reaktion ist mit jeder frischen Tinktur auszuprobieren, da nach den Untersuchungen von Glage einzelne Tinkturen aus unbekannten Gründen nicht reagieren wollen.

b) **Reaktion nach Storch.** Von allen in Vorschlag gebrachten Mitteln zum Nachweis erhitzt gewesener Milch hat sich das Paraphenylendiamin als das zuverlässigste und sicherste erwiesen. Die Empfindlichkeit dieses Prüfungsmittels ist so groß, daß eine Beimischung von 10 % einer Milch, die nur auf 78° erhitzt gewesen ist, zu einer anderen Milch genügt, daß die ganze Milchmischung eine kräftige Reaktion ergibt.

Die Ausführung der Reaktion geschieht folgendermaßen: 5 ccm der zu untersuchenden Milch werden in ein Reagenzgläschen gebracht; darauf wird ein Tropfen einer 0,2 proz. Wasserstoffsuperoxydlösung aus einem Tropffläschchen, sowie danach zwei Tropfen einer 2 proz. Lösung von Paraphenylendiamin zugesetzt. Färbt sich nun nach dem alsbaldigen Umschütteln die Milch intensiv blau, so ist sie nicht höher als bis auf 78° erhitzt oder gar nicht erhitzt gewesen. Eine graublaue Färbung deutet auf eine Erhitzung von 79—80° hin. War dagegen die Milch auf über 80° gebracht worden, so behält sie ihre weiße Farbe.

12. Verfälschungen der Milch und deren Nachweis.

Unter der Bezeichnung Milch oder Vollmilch darf nur Kuhmilch in den Verkehr kommen; der von ihren natürlichen Bestandteilen wissentlich nichts entzogen und an der durch Zusätze oder weitere künstliche oder natürliche Einwirkungen absichtlich nichts verändert wurde.

Die gebräuchlichsten Formen der Verfälschung sind:
a) die Wässerung der Milch;
b) die Entrahmung der Milch oder das Mischen von Vollmilch mit entrahmter Milch;
c) die gleichzeitige Entrahmung und Wässerung (sog. kombinierte Fälschung);
d) der Zusatz von fremden Stoffen.

Neben den verfälschten (bzw. nachgemachten) Nahrungs- und Genußmitteln führt das Nahrungsmittelgesetz vom 14. Mai 1879 in § 10, Ziffer 2 noch die verdorbenen an. Der § 12 desselben Gesetzes wiederum bezieht sich auf Nahrungsmittel, deren Genuß die menschliche Gesundheit zu beschädigen geeignet ist.

Es liegt in der Natur der Sache, daß Nachahmungen der Milch schwer möglich und daher auch nur vereinzelt bekannt geworden sind [1]). Dagegen lassen verschiedene Milchfehler die Milch nicht nur unter den Begriff „verdorben" fallen, sondern sie sind auch geeignet, ihr gesundheitsschädliche Eigenschaften zu verleihen.

a) Die Wässerung der Milch. Zum Nachweise einer Wässerung der Milch sind zu bestimmen spezifisches Gewicht und Fettgehalt; durch Rechnung abzuleiten sind die Werte für r, t, p, m; eventuell ist das spezifische Gewicht des Serums zu ermitteln. Durch die Wässerung werden die Werte für s, f, r, t erniedrigt, p und m bleiben unverändert. Falls es sich nicht um die Milch einer einzelnen Kuh handelt, ist eine Milch als gewässert zu bezeichnen, wenn das spez. Gewicht (s) der Milch unter 1,0280, das des Serums unter 1,0260 und der Gehalt an fettfreier Trockensubstanz (r) unter 8 % erheblich herabsinkt. Fällt hierbei der Fettgehalt der Milchtrockensubstanz (p) nicht unter 20 %, bzw. steigt das spez. Gewicht derselben (m) nicht über 1,4, so ist nur eine Wässerung anzunehmen.

Der Nachweis von Salpetersäure kann als Ergänzung des analytischen Befundes einer Wässerung dienen, bei geringem Wasserzusatz kann dieser Nachweis zuweilen geradezu ausschlaggebend sein.

Auch das Lichtbrechungsvermögen des Serums vermag zur Erkennung des Wasserzusatzes wertvolle Anhaltspunkte zu geben.

α) **Nachweis von Salpetersäure.** Für den Nachweis der Salpetersäure gibt Möslinger folgende Vorschrift: 100 ccm Milch werden unter Zusatz von 1,5 ccm einer 20 proz. Chlorcalciumlösung gekocht und filtriert. 20 mg Diphenylamin werden in 20 ccm verdünnter Schwefelsäure (1 + 3) gelöst und diese Lösung zu 100 ccm mit reiner konzentrierter Schwefelsäure aufgefüllt. Von dieser

---

[1]) In München verkaufte ein Milchhändler eine aus Trockenmilch und Wasser hergestellte Kunstmilch als Naturmilch.

Lösung bringt man 2 ccm in ein weißes Porzellanschälchen, setzt ½ ccm des Milchfiltrates tropfenweise in die Mitte der Lösung und läßt das Gemisch 2—3 Minuten ruhig stehen. Dann bewegt man die Schale langsam hin und her, läßt einige Zeit stehen und wieder-

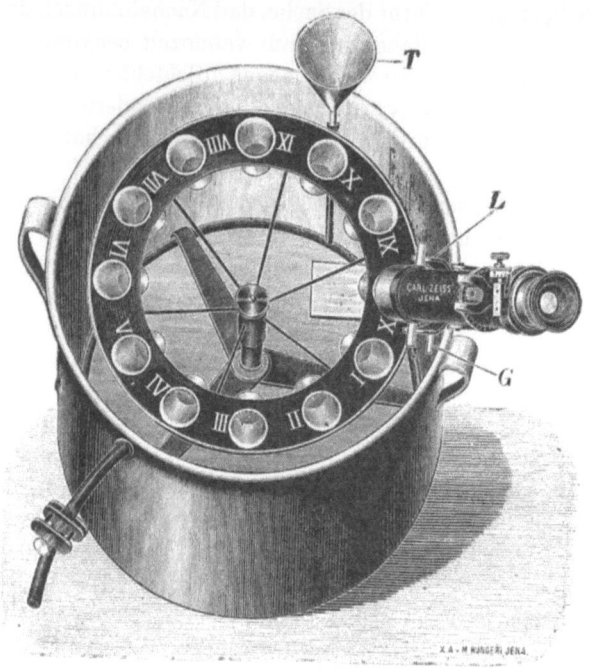

Fig. 10.
Eintauchrefraktometer mit Temperiergefäß.

holt dies so lange, bis, wenn Salpetersäure vorhanden ist, blaue Streifen auftreten. Deutlich sollen dabei 3—4, erkennbar noch 2 mg Salpetersäure in 1 Liter Milch nachzuweisen sein.

β) **Bestimmung der Brechungszahl des Milchserums.** Die Ausführung der Bestimmung geschieht mit dem Zeißschen **Eintauchrefraktometer.** Zu diesem Zwecke verwendet Ackermann ein durch Erhitzen der Milch mit Chlorcalciumlösung bestimmter Stärke gewonnenes eiweißfreies Serum, das ohne Filtration direkt untersucht werden kann. Der Zusatz der Chlorcalciumlösung ist so bemessen, daß ihr Einfluß vernachlässigt werden darf; sie wird auf das spez. Gewicht von 1,1375 eingestellt und hat in der Verdünnung von 1 : 10 im Eintauchrefraktometer bei 17,5° eine Brechung von 26 Skalenteilen. 30 ccm Milch werden in entsprechend großen Reagenzzylindern, die man sich zweckmäßig mit Marke bei 30 ccm und einem aufgeschliffenen Schild für die Nummer versehen läßt, mit 0,25 ccm der Chlorcalciumlösung vermischt, nach Aufsetzen eines Kautschukstopfens mit 22 ccm langer Kühlröhre 15 Minuten im lebhaft siedenden Wasserbad erhitzt und dann durch Einstellen in kaltes Wasser abgekühlt, worauf das Serum ohne weiteres klar abgegossen und nach dem Temperieren auf 17,5° zur refraktometrischen Untersuchung benutzt werden kann. Er fand auf diese Weise bei der Untersuchung von 2800 Proben normaler Milch Schwankungen von 38,5—40,5 Skalenteilen.

Zusätze von 5 % Wasser setzen die Brechung schon um 1,3 Skalenteile und solche von 10% Wasser um 2.3 Skalenteile herab.

Die wichtigsten Kriterien für eine Wässerung der Milch bilden das spezifische Gewicht und die fettfreie Trockenmasse. Es können zwar von einem zum anderen Tage im spezifischen Gewicht Schwankungen bis zu 2° und mehr vorkommen, die allerdings meist durch Abänderung des Fettgehaltes bewirkt werden, dagegen bleibt der Gehalt an fettfreier Trockenmasse ziemlich konstant. Man kann annehmen, daß in vielen Gegenden eine Mischmilch von 8,0—8,5 % an fettfreier Trockenmasse verdächtig (z. B. bei der Milch von Höhenvieh), dagegen eine solche von weniger als 8,0 % fettfreier Trockenmasse fast sicher gewässert ist. Im allgemeinen betragen die Schwankungen der fettfreien Trockenmasse von einem zum anderen Tage nicht mehr als 0,30—0,40 %.

In der Erwägung also, daß der Gehalt an fettfreier Trockenmasse von allen bestimmten oder berechneten Zahlen sich am ehesten gleichbleibt, geht man bei der Berechnung des Grades der Wässerung einer Milch vom Gehalt an fettfreier Trockenmasse aus.

Man bedient sich hierzu am zweckmäßigsten der von Herz aufgestellten Formel:

$$\text{Wässerung} = 100 \times \left(\frac{\text{fettfr. Trockenm. d. Stallpr.} - \text{fettfr. Trockenm. d. Verdachtspr.}}{\text{fettfreie Trockenmasse der Stallprobe}} \right),$$

oder an einem Beispiele:

Milchproben	Spez. Gewicht	Fett %	Fettfreie Trockenmasse %
Verdachtsprobe . . .	29,1	3,20	8,18
Stallprobe	32,0	4,00	9,06

$$\text{Wässerung} = 100 \times \left(\frac{9,06 - 8,18}{9,06}\right) = 100 \times \frac{0,88}{9,06}$$
$$= 100 \times 0,097 = 9,7 \%.$$

Es sind demnach in 100 Teilen gewässerter Milch 9,7 Teile zugesetztes Wasser oder 90,3 Teile der ursprünglichen Milch enthalten.

Zur schnellen Orientierung über den Grad einer Verfälschung kann man sich auch folgender Formel, welche annähernd genaue Werte ergibt, bedienen:

Wässerung = Laktodensimetergrad der Stallprobe minus Laktodensimetergrad der Verdachtsprobe × 3,

oder an unserem Beispiel:

Wässerung = 32,0—29,1 × 3 = 2,9 × 3 = 8,7 %.

b) Die Entrahmung der Milch oder das Mischen von Vollmilch mit entrahmter Milch. Ein Entrahmen der Milch, d. h. die Entziehung eines Teiles ihrer natürlichen Nährbestandteile (des Fettes) begründet eine Wertsminderung der Milch und bildet, wenn diese als Vollmilch in Betracht kommt, eine Verfälschung. Es liegt auch dann eine Verfälschung vor, wenn besonders fettreiche Milch trotz teilweiser Entrahmung noch begrifflich als Vollmilch gelten könnte. Nach der Entscheidung des Reichsgerichts ist unter Vollmilch eine Milch zu verstehen in ihrer ursprünglichen vollen Zusammensetzung, Milch, der nichts von ihren natürlichen Bestandteilen entzogen, und an der nichts durch Zusätze oder weitere künstliche oder natürliche Einwirkungen verändert ist, kurz — wenn von Kuhmilch die Rede ist — wie sie von der Kuh kommt. Es ist aber auch eine Milch als verfälscht anzusehen, von der nur die ersten Anteile des Gemelkes in den Handel gebracht werden. Es liegen nämlich viele Beobachtungen vor, aus denen sich ergibt, daß die Milch derselben Kuh nicht während des Melkens eine gleiche Zusammensetzung hat, sondern sich derart ändert, daß der zuerst dem Euter entzogene Anteil am ärmsten, dagegen der letzte Anteil weit reicher an Fett ist.

Durch Entrahmen der Milch oder Vermischen von Vollmilch mit abgerahmter Milch (Magermilch) steigen die Werte für s und m; die Werte für f, t und p sinken; r sowie das spezifische Gewicht des Serums bleiben unverändert.

Zu bestimmen sind direkt s und f, eventuell das spezifische Gewicht des Serums; rechnerisch ermittelt werden r, t, p, m.

Eine Milch ist als entrahmt oder als mit entrahmter Milch versetzt zu betrachten, wenn bei erhöhtem spezifischen Gewicht der Milch (s) und normalem spezifischen Gewichte des Serums oder normalem Gehalt an fettfreier Trockensubstanz (r) der prozentische Fettgehalt der Milchtrockensubstanz (p) unter 20 % erheblich sinkt bzw. ihr spez. Gewicht (m) über 1,4 steigt.

Der Grad der Entrahmung berechnet sich nach folgender Formel:

$$\text{Entrahmung} = 100 \times \left(\frac{\text{Fettgehalt der Stallprobe} - \text{Fettgehalt der Verdachtsprobe}}{\text{Fettgehalt der Stallprobe}} \right),$$

oder an einem Beispiele:

Milchproben	Spezifisches Gewicht bei 15°	Fett %
Stallprobe	1,0312	3,42
Verdachtsprobe	1,0346	2,20

$$\text{Entrahmung} = 100 \times \left(\frac{3{,}40 - 2{,}20}{3{,}40} \right) = 36{,}0 \, \%.$$

c) **Die gleichzeitige Entrahmung und Wässerung der Milch (kombinierte Fälschung).** Um nachzuweisen, ob neben der Entrahmung gleichzeitig auch noch Wässerung stattgefunden hat, muß man besonders den Unterschied in der fettfreien Trockenmasse und den prozentischen Fettgehalt der Trockenmasse in Erwägung ziehen. Gewöhnlich steht der **Fettgehalt einer solchen Milch sehr niedrig**; das spezifische Gewicht bleibt sich zwar annähernd gleich, **aber die fettfreie Trockenmasse ist geringer, und der prozentische Fettgehalt der Trockenmasse ist vermindert.** Das spezifische Gewicht der Trockenmasse aber ist erhöht. Auch das spezifische Gewicht des Serums wird unter allen Umständen erniedrigt und sinkt zumeist erheblich unter 1,0260. Werden außerdem Nitrate nachgewiesen, so erhält die Begutachtung eine weitere Stütze. Vor allem aber ist die Wässerung bei der kombinierten Fälschung an der verminderten Lichtbrechung zu erkennen.

In denjenigen Fällen, in denen Stallproben zur Verfügung stehen, kann man sich ein Gutachten bilden nach einer von Böhmländer ausgearbeiteten Formel.

Dazu müssen folgende Faktoren bekannt sein:

w = prozent. Wassergehalt der Stallprobe. Beispiel: 87,30 %
w_1 =   ,,   ,,   ,, Verdachtsprobe.   ,,   88,61 ,,
r = fettfreie Trockenmasse der Stallprobe.   ,,   9,00 ,,
r_1 =   ,,   ,,   ,, Verdachtsprobe.   ,,   8,79 ,,
f = Fettgehalt der Stallprobe.   ,,   3,70 ,,
f_1 =   ,,   ,, Verdachtsprobe.   ,,   2,60 ,,

Dann lautet die Formel nach Böhmländer:

$$\text{Wässerung} = \frac{r}{r_1} \times w_1 - w$$

$$\text{Entrahmung} = 100\left(1 - \frac{f_1\, r}{f\, r_1}\right),$$

oder mit obigen Zahlen:

$$\text{Wässerung} = \frac{9{,}00}{8{,}79} \times 88{,}61 - 87{,}30$$

$$= 1{,}024 \times 88{,}61 - 87{,}30 = 90{,}73 - 87{,}3 = 3{,}43\ \%$$

$$\text{Entrahmung} = 100 \times \left(1 - \frac{2{,}60 \times 9{,}00}{3{,}70 \times 8{,}79}\right)$$
$$= 100 \times \left(1 - \frac{23{,}4}{32{,}52}\right) = 100 \times (1 - 0{,}72)$$
$$= 100 \times 0{,}28 = 28\,\%\ \text{Entrahmung}.$$

Es ist also die verdächtige Milch um 28 % ihres Fettes beraubt und sodann noch mit 3,43 % Wasser versetzt werden.

d) Der Zusatz von fremden Stoffen. Es kommt hierbei hauptsächlich der Zusatz von Konservierungs- und Entsäuerungsmitteln in Betracht. Seltener sind Vermischungen der Kuhmilch mit artfremder Milch. Der Zusatz von Konservierungsmitteln usw. ist als Fälschung zu bezeichnen. Der Nachweis geschieht folgendermaßen:

α) Soda und doppeltkohlensaures Natron: 10 ccm Milch werden verascht. Ist zur Herbeiführung einer sauren Reaktion mehr als ein Tropfen einer $^1/_{10}$ Normalsäure notwendig, so hat ein Zusatz von Soda stattgefunden.

Schmidt versetzt 10 ccm Milch mit 10 ccm Alkohol und einigen Tropfen Rosolsäurelösung (1 : 100). Reine Milch wird braungelb, mit Soda versetzte rosarot.

β) Salicylsäure: 20 ccm Milch werden mit Schwefelsäure angesäuert und mit Äther ausgeschüttelt. Dieser wird verdampft, der Rückstand mit Alkohol aufgenommen und mit Eisenchlorid versetzt. Violette Farbe beweist die Anwesenheit von Salicylsäure.

γ) Borsäure: 10 ccm Milch werden mit 7 Tropfen Salzsäure versetzt, ein Stück empfindliches Curcumapapier damit befeuchtet und dieses auf einem Uhrglase auf dem Wasserbade getrocknet. Bei Gegenwart von Borsäure entsteht eine Rotfärbung, die auf Zusatz von Ammoniak in Schwarzblau übergeht.

δ) Formaldehyd: Riegler gibt in ein Reagenzglas 2 ccm Milch und 2 ccm Wasser, fügt 0,1 g weißes, kristallisiertes salzsaures Phenylhydrazin hinzu und löst dies durch Schütteln; auf nunmehrigen Zusatz von 10 ccm 10 proz. Natronlauge entsteht bei Anwesenheit von Formaldehyd eine rosenrote Färbung.

Utz fand in der Vanillin-Salzsäurereaktion ein einfaches und ganz besonders scharfes Reagens auf Formalin. Erwärmt man nämlich gleiche Teile Milch, Salzsäure vom spezifischen

Gewicht 1,19 und einige Körnchen Vanillin, so tritt eine prächtige violette oder himbeerrote Färbung auf. Enthält aber die zu untersuchende Milch auch nur Spuren von Formalin, so färbt sich die Flüssigkeit gelb. Der Farbenunterschied ist sehr deutlich, die Reaktion äußerst empfindlich.

ε) **Wasserstoffsuperoxyd:** Dieses gibt in Milch mit Jodkaliumstärkekleister eine blaue Farbe; auf Zusatz von geringen Mengen chromsauren Salzes und Schwefelsäure entsteht eine mehr oder weniger schnell verschwindende blaue Farbe, welche beim Schütteln mit Äther in diesen übergeht.

Recht empfindlich ist auch die von Arnold und Mentzel ausfindig gemachte Reaktion mit **Vanadinsäure:** Man wendet diese Säure in der Form einer Lösung an, die man durch Auflösen von 1 g Vanadinsäure in 100 g verdünnter Schwefelsäure erhalten hat. Von dieser gelben Lösung werden zu 10 ccm Milch 10 Tropfen zugesetzt. Bei Gegenwart von Wasserstoffperoxyd entsteht eine Rotfärbung. Mit dieser Reaktion kann man 0.01 g Wasserstoffperoxyd in 100 ccm Milch nachweisen.

13. Die Stallprobe.

In vielen Fällen kann eine Milchfälschung mit Sicherheit nur dann festgestellt werden, wenn eine Stallprobe entnommen wird, und die Untersuchungsergebnisse dieser Probe mit denjenigen der verdächtigen Probe verglichen werden. Hierbei hat man folgendermaßen zu verfahren:

1. Die Stallprobe ist bei derjenigen Melkzeit bzw. denjenigen Melkzeiten vorzunehmen, welcher bzw. welchen die verdächtige Probe entstammte: Morgenmilch von Morgenmilch, Abendmilch von Abendmilch, Tagesmilch von Tagesmilch.

2. Die Stallprobe ist am besten schon nach 24 Stunden, auf keinen Fall später als 3 Tage nach der Melkzeit der fraglichen Milch vorzunehmen.

3. Die Probe muß sich auf alle Kühe, aber auch nur auf diejenigen erstrecken, welchen die fragliche Milch entstammte.

4. Es ist dafür zu sorgen, daß sämtliche Kühe vollständig ausgemolken werden, und dies ist von demjenigen, welcher die Stallprobe vornimmt, zu kontrollieren.

5. Von der durchmischten Milch sämtlicher in Frage

kommenden Kühe ist eine Durchschnittsprobe von ½—1 Liter in einer reinen, trockenen, vollständig gefüllten Flasche versiegelt möglichst schnell der Kontrollstelle einzusenden, wobei es sich empfiehlt, um ein Sauerwerden zu verhindern, die Probe in Sägespänen und Eisstückchen verpackt zum Versand zu bringen.

6. Es ist möglichst genau zu erforschen und anzugeben:
a) Die Anzahl der vorhandenen milchenden Kühe, von denen die Milch stammt,
b) Ernährungs- und Gesundheitszustand sowie Zeit der Laktation der Kühe,
c) ob und welche Veränderungen in der Haltung der Kühe zwischen der Zeit, welcher die fragliche Probe entstammt, bzw. kurz vorher und der Zeit der Stallprobe stattgefunden haben,
d) ob in dieser Zeit ein Witterungsumschlag stattgefunden hat.

B. Rahm.

Chemische Zusammensetzung des Rahmes.

	a) Kaffeerahm	b) Schlagrahm
Wasser	77,3 %	68,5 %
Fett	15,0 ,,	25,0 ,,
Eiweißstoffe	3,2 ,,	2,8 ,,
Milchzucker	3,9 ,,	3,3 ,,
Salze	0,6 ,,	0,4 ,,
	100,00	100,00

1. Bestimmung des Fettes.

Zur Beurteilung des Rahms genügt es, den Fettgehalt desselben zu bestimmen. Man bezeichnet Rahm mit 10—15 % Fett als Kaffeerahm, Rahm mit 25—40 % Fett als Schlagrahm. Ein Fettgehalt von 10 % ist als Minimum für Rahm anzusehen.

a) Die Verdünnungsmethode. Zur Untersuchung verdünnt man den Rahm, indem man 20 g Rahm und 80 g Wasser abwägt (nicht mißt), nachdem man ihn zuvor im Wasserbade auf 40° erwärmt und gut durchgemischt hat. Die Untersuchung erfolgt sodann so wie diejenige der Vollmilch. Der erhaltene Fettgehalt muß jedoch mit dem Faktor 1,03, d. h. dem mittleren spezifischen Gewichte der Milch, vervielfältigt werden, um richtige Ergebnisse zu erhalten. Angenommen, bei der Gerberschen Fettbestimmung sei die am Butyrometer abgelesene Zahl = 4,00 % Fett bei einer Verdünnung des Rahmes von 1 Teil Rahm mit 4 Teilen Wasser, so ist dementsprechend der gesuchte Fettgehalt des Rahmes = 4,00 × 5 × 1,03 = 20,60 % Fett.

b) **Methode nach Köhler.** Bei diesem Verfahren kommen 2 Abmeßmethoden in Frage:

α) Abmessen des Rahmes mittels einer Nachspülpipette,

β) Abmessen mittels Spritze in besondere Rahmbutyrometer. Bei der ersten Methode verfährt man wie folgt:

Den zu untersuchenden Rahm mischt man zunächst gut durch. Ist derselbe zähflüssig, so erwärmt man ihn auf ca. 40° und kühlt ihn dann wieder auf die Untersuchungstemperatur von 15° ab. Darauf füllt man in das Butyrometer genau wie bei der Milchfettbestimmung 10 ccm Schwefelsäure vom spez. Gewicht 1,820—1,825 ein. Zum Abmessen des Rahms bedient man sich einer 5-ccm-Pipette, die mit 5 ccm Wasser nachgespült wird, um die an der Glaswand haftenden Rahmteile vollständig in das Butyrometer zu bringen. Die hierfür bestimmte, mit der Aufschrift 5 ccm Rahm versehene Pipette ist oberhalb der Marke zu einer Kapillare verengt und dann wieder zu einem Füllgefäß erweitert. Man nimmt diese Pipette in jedem Fall nur in Gebrauch, wenn sie vorher mit Wasser ausgespült und dieses Wasser vollständig wieder abgelaufen und ausgeblasen ist. Das sich nach der Benutzung an der Spitze angesammelte Wasser wird einfach durch Ausblasen entfernt. Dann saugt man den Rahm in die Pipette ein und stellt den unteren Rand des Meniskus auf die Marke ein.

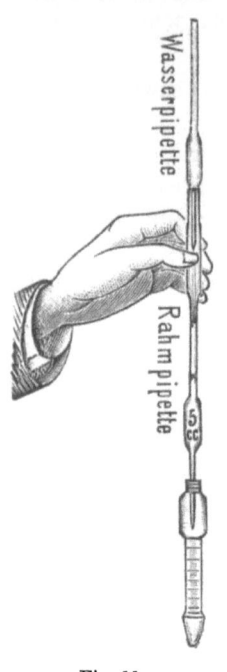

Fig. 11.
Abmessen mittels Nachspülpipette.

Es muß unbedingt vermieden werden, daß beim Saugen Luftblasen mit eintreten, und daß der Rahm unnötig weit über die Marke hinaus aufgesogen wird. Etwa an der Außenseite der Pipette haftende Rahmteile wischt man vorsichtig ab.

Dann bringt man diese Pipette über das mit 10 ccm Schwefelsäure gefüllte Butyrometer und läßt den Rahm möglichst gegen die innere Wand des Butyrometers ausfließen. (Zu verhindern ist ein solches Ausfließen des Rahmes, bei welchem der Rahm sich sofort unter Dunkelfärbung mit der Schwefelsäure mischt.) Nachdem dies geschehen ist, saugt man in eine andere Pipette 5 ccm Wasser ein und läßt, nachdem der Rahm vollständig abgeflossen ist, diese Wassermenge mit einem Male in die Rahmpipette hineinfließen, welche über die Öffnung des Butyrometers gehalten wird. Das Wasser fließt dann langsam in der Rahmpipette an den inneren Gefäßwandungen herab und spült die dort befindlichen Rahmteile vor sich her.

Nach Zugabe von 1 ccm Amylalkohol verfährt man wie bei der Milchfettbestimmung nach Gerber.

Die Spritzenmethode wird bis auf das Abmessen des Rahmes mittels einer besonderen Rahmspritze genau so ausgeführt wie die vorher beschriebene Methode.

c) **Pyknometerverfahren nach Hammerschmidt.** Bei diesem Verfahren wird der Rahm in einem besonderen Gefäß abgemessen und dieses in das Butyrometer eingeführt. Das Meßgefäß oder Pyknometer ist von zylindrischer Form, unten mit einem wulstigen Stielchen versehen, mit dem es in den Gummistopfen des Butyrometers eingesetzt werden kann, und endigt oben in 2 kurzen Röhrchen.

Fig. 12. Rahmbutyrometer.

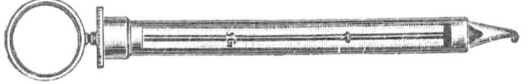

Fig. 13.
Rahmspritze.

Diese Pyknometer sind auf Abstrich geeicht, d. h. wenn die gefüllten Gefäßchen mit einer Glasplatte oder mit dem Finger glatt abgestrichen werden, so sind darin genau 5 ccm Flüssigkeit abgemessen.

Das Verfahren ist folgendes: Man füllt das Butyrometer mit 10 ccm Schwefelsäure vom spezifischen Gewicht 1,820—1,825, schichtet hierauf 5 ccm Wasser und darüber 1 ccm Amylalkohol. Dieses läßt sich, wenn nicht absichtlich geschüttelt wird, ohne besondere Vorsicht leicht ausführen. Man füllt dann das auf Abstrich geeichte Pyknometer mit dem Rahm, den man vorher durch leichtes Erwärmen auf 35°—40° luftfrei gemacht hat, indem man diesen auf der einen Seite des Pyknometers eingießt oder mit einer Pipette einfließen läßt, bis er auf der andern Seite übertritt. Dann streicht man mit einer Glasplatte oder mit dem Finger den überschüssigen Rahm oben fort und bringt das außen trockne Pyknometer in das gefüllte Butyrometer ein. Jetzt schüttelt man das Butyrometer in senkrechter Stellung, um Schwefelsäure, Wasser und Amylalkohol zu mischen. Hierbei geht der Rahm in höchstens ganz geringer Menge in die Butyrometerflüssigkeit über. Darauf schüttelt man das Butyrometer in schräger Stellung weiter, wobei dann der Rahm aus dem Gefäßchen austritt und in die verdünnte Schwefelsäure übergeht, welche ohne Flockenbildung und ohne merkliche Bräunung denselben löst. Nachdem das Butyrometer gut durchgeschüttelt ist, bringt man es noch gut heiß in die Zentrifuge, schleudert in derselben in der üblichen Weise 3—5 Minuten, temperiert auf 65°, stellt den oberen Meniscus der Fettschicht auf 0 ein und liest an der Berührungsstelle von Fett und Säure den Prozentgehalt des Rahmes ab.

Fig. 14.
Stativ mit Rahmpyknometern.

2. Berechnung des Geldwertes.

Den Geldwert eines kg Rahm (x) erhält man aus der Gleichung $x = \dfrac{a \times F}{3,4}$, wobei a den ortsüblichen Preis der Vollmilch, F den Fettgehalt des Rahms bezeichnet.

C. Magermilch.

Chemische Zusammensetzung der Magermilch.

Wasser	= 90,40 %
Fett	= 0,15 ,,
Eiweißstoffe	= 4,00 ,,
Milchzucker	= 4,70 ,,
Salze	= 0,75 ,,
	100,00

Das spezifische Gewicht der Magermilch beträgt 1,032 bis 1,0365. Die Untersuchung derselben geschieht wie diejenige der Vollmilch. Wasserzusatz zu derselben wird durch die Bestimmung des spezifischen Gewichts erkannt. Eventuell wären auch die Diphenylaminreaktion auf Salpetersäure sowie das Lichtbrechungsvermögen heranzuziehen.

D. Buttermilch.

Chemische Zusammensetzung der Buttermilch.

Wasser	= 91,30 %
Fett	= 0,50 ,,
Eiweißstoffe	= 3,50 ,,
Milchzucker	= 4,00 ,,
Salze	= 0,70 ,,
	100,00

Das spezifische Gewicht schwankt zwischen 1,032 und 1,035. Die Untersuchung der Buttermilch erfolgt wie bei Vollmilch. Die Fettbestimmung nach Gerber ergibt hier zu niedrige Resultate, weshalb am besten die Methode von Gottlieb-Röse angewandt wird. Der Fettgehalt soll 0,80 % bei regelrechter Ausbutterung des Rahmes nicht übersteigen.

Wenn der technisch notwendige, mitunter unvermeidliche Wasserzusatz zum Butterungsgut (Rahm) 25 % nicht übersteigt, so ist er nicht als Fälschung anzusehen. Die angewandte Wassermenge ist nach dem spez. Gewichte des Serums zu berechnen, als dessen untere Grenze bei frischer Buttermilch im allgemeinen 1,0260 angesehen werden kann.

E. Molken.

Chemische Zusammensetzung der Molken.

Wasser	= 93,31 %
Fett	= 0,10 ,,
Eiweißstoffe	= 0,27 ,,
Milchzucker	= 5,85 ,,
Salze	= 0,47 ,,
	100,00

Das spezifische Gewicht der Molken schwankt zwischen 1,027 und 1,029. Untersuchung wie bei Vollmilch.

F. Colostrum, Biestmilch.

Colostrum ist die Milch. welche unmittelbar vor und kurze Zeit nach dem Kalben abgesondert wird und sich von normaler Kuhmilch durch den Gehalt an sogenannten **Colostrumkörperchen** unterscheidet. Diese sind als kernhaltige granulierte Zellen zu betrachten.

Chemische Zusammensetzung des Colostrums.

Wasser	= 71,70 %
Fett	= 3,37 ,,
Casein	= 4,82 ,,
Albumin	= 15,85 ,,
Milchzucker	= 2,48 ,,
Salze	= 1,78 ,,
	100,00

Das spezifische Gewicht des Colostrums beträgt durchschnittlich 1,0680 bei 15^0.

Colostralmilch ist vom Verkehr auszuschließen bzw. im Verkehr zu beanstanden. Ihr Nachweis kann durch das Mikroskop geschehen, da das Bild der Colostrumkörperchen sehr charakteristisch ist.

G. Milchkonserven.

1. Pasteurisierte und sterilisierte Milch.

Die Untersuchung ist dieselbe wie diejenige der frischen Milch. Durch bakteriologische Untersuchung ist ihre eventuelle Keimfreiheit festzustellen.

2. Kondensierte Milch.

Die Zusammensetzung ist je nach dem Grade der Eindickung und der Größe des Zuckerzusatzes verschieden. Bei der Untersuchung eingedickter Milch löst man die kondensierte Milch in der für den Gebrauch vorgeschriebenen Menge destillierten Wassers und untersucht nach den für Vollmilch angegebenen Verfahren. Den Zuckergehalt der eingedickten Milch bestimmt man aus der Differenz der Summe der übrigen festen Bestandteile und der Trockensubstanz. Bei der Prüfung ist auch noch Rücksicht zu nehmen auf Schwermetalle (Kupfer, Zink, Blei usw.), desgleichen sind abnormer, fauliger Geruch und Geschmack zu beanstanden.

3. Milchpulver.

Man untersucht wie bei pulverförmigen Substanzen überhaupt. Der Wassergehalt wird durch Trocknen einer geringen Menge des Pulvers bei 100—105° bestimmt. An die Bestimmung des Wassergehaltes schließt sich direkt an die Bestimmung der Mineralbestandteile. Zur Bestimmung des Fettgehaltes ist einzig und allein die Methode nach Gottlieb-Röse geeignet.

Die Untersuchung der Milchpulver erstreckt sich meist nur auf die Bestimmung des Fettgehaltes.

Rahmpulver enthalten meist 45—50% Fett, Vollmilchpulver 25—28% Fett, Magermilchpulver ungefähr 1,50% Fett.

II. Untersuchungsmethoden der Butter.

Chemische Zusammensetzung der Butter.

Grenzen für den Gehalt an Wasser . . . . . . 6—16 %
an Fett . . . . 80—91 „
an sonstigen organischen Bestandteilen . . . . 0,80—2,00 „
an Asche, ausschließlich Kochsalz . . . . . . 0,10—0,28 „

Laut Bundesratsbeschluß vom 1. Juli 1902 darf gesalzene Butter nicht mehr als 16 % Wasser und nicht weniger als 80 % Fett enthalten; ungesalzene Butter darf ebenfalls nicht weniger als 80 % Fett und nicht mehr als 18 % Wasser aufweisen. Verfehlungen hiergegen sind zu beanstanden.

1. Probenentnahme für die Analyse.

a) Die Entnahme von Proben hat an verschiedenen Stellen des Buttervorrats zu erfolgen, und zwar von der Oberfläche, vom Boden und aus der Mitte. Zweckmäßig bedient man sich dabei eines Stechbohrers aus Stahl. Die entnommene Menge soll nicht unter 100 g betragen.

b) Die einzeln entnommenen Proben sind mit den Handelsbezeichnungen (z. B. Bauernbutter, Tafelbutter usw.) zu versehen.

c) Aufzubewahren ist die Probe in sorgfältig gereinigten Gefäßen von Porzellan, glasiertem Tone, Steingut (Salbentöpfe der Apotheker) oder von dunkelgefärbtem Glas, welche sofort möglichst luftdicht zu verschließen sind. Papierumhüllungen sind zu vermeiden. Für die Beurteilung eines Fettes auf Grund des Säuregrades ist jede Verzögerung, ungeeignete Aufbewahrung sowie Unreinlichkeit von Belang.

Die vorstehenden amtlichen Vorschriften wurden unter dem 1. April 1898 vom Reichskanzler bekannt gegeben.

Die Auswahl der bei der Butteruntersuchung auszuführenden Bestimmungen richtet sich nach der Fragestellung. Handelt es sich um die Untersuchung einer Butter auf fremde Fette, so ist zunächst die Prüfung auf Sesamöl, die refraktometrische Prüfung und demnächst die Bestimmung der flüchtigen Fettsäuren auszuführen. Je nach dem Ausfalle dieser Bestimmungen kann die Anwendung anderer Prüfungsverfahren notwendig werden; die Wahl der Verfahren hat der Analytiker von Fall zu Fall unter Berücksichtigung der näheren Umstände vorzunehmen.

2. Bestimmung des Wassergehaltes.

a) Gewichtsanalytische Bestimmung. Ungefähr 5—10 g Butter werden von möglichst vielen Stellen des Stückes entnommen und in eine flache, mit erbsengroßen Bimssteinstückchen halb gefüllte Porzellanschale gebracht. Man rechnet auf 5—10 g Butter 20 g vom Pulver befreiten Bimsstein. Man wägt die zuvor getrocknete Porzellanschale samt einem kleinen Glasstäbchen, fügt die Butter hinzu und wägt wieder. Nachdem die Butter durch gelindes Erwärmen zum Schmelzen gebracht ist, wird das geschmolzene Fett gut mit dem Bimsstein verrührt und bei 100° zwei Stunden lang getrocknet. Längeres Trocknen ist nicht angebracht, weil die Butter beim Erhitzen an der Luft Sauerstoff aufnimmt und hierdurch eine Gewichtsvermehrung erfährt.

Beispiel:

Tara der Schale mit Bimsstein und Glasstab . . . = 45,5545 g
Tara derselben Schale mit Butter . . . . = 51,2045 g
Butter = 5,6500 g

Tara der Schale nach dem Trocknen . . . . . . = 50,4983 g
Gewichtsverlust durch das Trocknen . . . . . . = 0,7062 g

Gewichtsverlust berechnet auf 100:

$$5,65 : 0,7062 = 100 : x$$
$$x = 12,50 \% \text{ Wasser.}$$

b) Bestimmung mit der Funkeschen Butterwasser-Kontrollwage „Perplex". Für Handelsanalysen ist seit kurzer Zeit diese Schnellmethode, auch „Aluminiumbecherverfahren" genannt, in Aufschwung gekommen, welche darauf beruht, daß das Wasser nicht im Trockenschranke, sondern über freier Flamme verdunstet wird. Das Verfahren ist nicht neu, und Funke hat nur das Verdienst, eine Wage ("Perplex") nach dem Prinzip der Westphalschen konstruiert zu haben, an welcher der Prozentsatz des verdampften Wassers durch Reitergewichte auf dem Wagebalken festgestellt und sofort abgelesen werden kann.

Der Funkesche Apparat "Perplex" besteht aus einer einarmigen Wage einem Aluminiumbecher von etwa 170 ccm Fassungs-Vermögen und etwa 38 g Gewicht, sowie der zum Halten des Bechers bestimmten Zange. Der mit 10 g Butter beschickte Becher wird unter Benutzung der Zange und unter stetem Umschwenken über einer kleinen Flamme erhitzt. Bis zum völligen Verjagen des Wassers sind bei Butter etwa 4 Minuten notwendig. Es gibt drei charakteristische Anhaltspunkte, aus denen man ersehen kann, daß das Wasser völlig verdunstet ist:

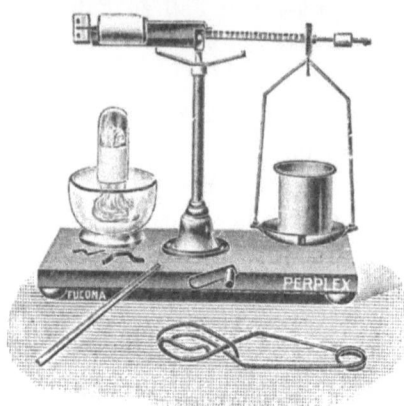

Fig. 15.
Butterwasserkontrollwage "Perplex".

1. Gänzliches Aufhören des Knisterns:
2. Bildung eines feinen weißen Fettschaumes, welcher mit dem Aufhören des Knatterns zusammenfällt;
3. angenehmer Geruch, welcher beim Bräunen von Butter auftritt. —

Ganz besonders charakteristisch ist ferner, daß in dem Moment, wo der letzte Tropfen Wasser verdunstet ist, die weißen Caseinbestandteile der Butter sich zu bräunen beginnen.

Das Auftreten des bekannten Geruches von angebranntem Fett ist ein Zeichen, daß eine Erhitzung zu weit gegangen ist. In solchen Fällen wird aber der Wassergehalt der Butter ca. $^4/_{10}$ % höher gefunden, als er tatsächlich ist, was natürlich zu vermeiden ist.

Man entfernt den Becher aus der Flamme und findet, daß die Butter eine geringe Spur Färbung zeigt, während die weißen Caseinbestandteile leicht braun gefärbt sind.

Nach erfolgter Abkühlung (etwa 1—2 Minuten) bringt man ihn auf die Wage und verschiebt zur Ergänzung des verdunsteten Wassers auf dem Wagebalken den großen Reiter zur Angabe der ganzen Prozente, den kleinen zur Angabe der Zehntel-Prozente.

3. Bestimmung des Fettes.

Der Fettgehalt der Butter kann bestimmt werden:

a) Indirekt: Durch Subtraktion des Gehaltes an Wasser + wasserfreiem Nichtfett von 100.

b) Bestimmung nach Soxhlet: Zur direkten Bestimmung des Fettes werden 5 g Butter in einer Porzellan- oder Platinschale oder in einem Vogelschen Schiffchen geschmolzen mit 20 g Gips gemischt und dann 6 Stunden lang bei 100^0 getrocknet. Das nach dem Erkalten erhaltene trockene Pulver wird mit Äther im Soxhletschen Extraktionsapparate bis zur Erschöpfung extrahiert.

c) Bestimmung nach Gottlieb-Röse, Modifikation von Eichloff. Man tariert den Eichloffschen Schüttelkolben (siehe Milchfettbestimmung S. 18) mit dem Stopfen und füllt ein besonderes Buttermaß (Metallstecher zum Abmessen von 1 g Butter) mit der zu untersuchenden Butter, die vorher im Mörser zu einer Salbe verrieben wurde. Sodann wird der Inhalt des Metallstechers so in das Schüttelkölbchen gebracht, daß er ohne die Wände zu berühren auf den Boden des Kölbchens fällt. Das Kölbchen wird nun gewogen und das Gewicht der Butter notiert. Zu der Butter werden 9 ccm heißes Wasser, daraufhin 1 ccm Ammoniak gegeben und leicht geschüttelt. Die weitere Ausführung geschieht wie bei der Milchfettbestimmung S. 18.

4. Bestimmung des wasserfreien Nichtfettes.

a) Bestimmung der Gesamtmenge der Nichtfette. 5—10 g Butter werden in einem Becherglase unter häufigem Umrühren etwa 6 Stunden im Trockenschranke bei 100—105^0 vom größten Teile des Wassers befreit; nach dem Erkalten wird das Fett mit etwas absolutem Alkohol und Äther gelöst, der Rückstand durch ein vorher tariertes Filter filtriert und mit Äther hinreichend nachgewaschen.

Der getrocknete und gewogene Filterinhalt ergibt die Gesamtmenge des wasserfreien Nichtfettes (Casein + Milchzucker + Salze). Diese summarische Bestimmung genügt für die Handelsanalyse der Butter.

b) Bestimmung des Gehaltes an Kochsalz. Der Gehalt an Kochsalz ist jedoch besonders zu bestimmen. Zu diesem Zwecke wiegt man etwa 10 g Butter in ein zuvor getrocknetes und gewogenes Bechergläschen. Dann spritzt man mittels Spritzflasche kochendes Wasser in das Gläschen, wodurch die Butter zum Schmelzen gebracht wird. Geschmolzene Butter und Wasser werden unter öfterem Nachspülen des Bechergläschens mit kochendem Wasser verlustlos in einen Scheidetrichter gebracht. In diesem werden die beiden Flüssigkeiten kräftig durchgeschüttelt, die wäßrige Flüssigkeit von dem aufschwimmenden Fette getrennt und dieses noch einige Male mit heißem Wasser gewaschen. Die vereinten wäßrigen Lösungen werden in einen Meßkolben von 200 ccm Inhalt filtriert und dieser bis zur Marke mit destilliertem Wasser aufgefüllt. 25 ccm dieser Flüssigkeit versetzt man mit 2 Tropfen einer kalt gesättigten Lösung von neutralem gelben Kaliumchromat als Indikator und titriert sie unter fortwährendem sanftem Umschwenken mit $1/10$ Normal-Silbernitratlösung. Der Endpunkt der Titration ist erreicht, wenn eine nicht mehr verschwindende Rotfärbung auftritt. Jedem Kubikzentimeter $1/10$ Normal-Silbernitratlösung entsprechen 0,003545 g Chlor oder 0,00585 g Chlornatrium.

Beispiel:

Verwendete Butter . . . . = 5,1250 g
Kochsalzlösung aus der Butter . . = 200 ccm
Davon titriert. . . . . = 50 ,,
50 ccm der Lösung verbrauchen. . = 2,5 ,, Silbernitratlösung
200 ccm der Lösung verbrauchen . = 10,0 ,, Silbernitratlösung
10 ccm Silbernitratlösung entsprechen = 0,0585 g Kochsalz.

Berechnet auf 100 g Butter:

$$5{,}125 : 0{,}0585 = 100 : x$$
$$x = 1{,}14\,\% \text{ Kochsalz.}$$

5. Untersuchungsmethoden des Butterfettes.

a) Bestimmung der freien Fettsäuren. Die Ausführung geschieht nach den Angaben des Deutschen Arzneibuches 1910, S. XXXIII:

5—10 g Butterfett werden in 30—40 ccm einer säurefreien, eventuell mit $^1/_{10}$ Normal-Alkali neutralisierten Mischung gleicher Raumteile Alkohol und Äther gelöst und unter Verwendung von Phenolphthalein (in 1 proz. alkoholischer Lösung) als Indikator mit $^1/_{10}$ Normal-Natronlauge titriert. Die freien Fettsäuren werden in Säuregraden ausgedrückt.

Beispiel:
5 g Butterfett verbrauchen = 5 ccm $^1/_{10}$ Normal-Natronlauge.

Demnach verbrauchen 100 g Butterfett = 100 ccm $^1/_{10}$ Norma-Natronlauge.

100 ccm $^1/_{10}$ Lauge entsprechen 10 ccm $^1/_1$ Lauge.

Säuregrad der Butter = 10^0.

Der Säuregrad feiner Tafelbutter hält sich unter 5^0. Butter, welche mehr als 10 Säuregrade hat, wird wohl meistens als verdorben zu beanstanden sein. Auf Grund des Säuregrades allein ist jedoch eine Beanstandung unzulässig, wenn nicht gleichzeitig auch die sinnliche Prüfung auf Verdorbenheit hinweist. Es kann eine Butter stark ranzig und dadurch ungenießbar sein und verhältnismäßig wenig Säure enthalten, während eine ganz brauchbare Butter unter Umständen einen hohen Gehalt an freier Säure haben kann. Ranzigkeit und Säuregrade sind demnach wohl zu unterscheiden.

b) Bestimmung der flüchtigen in Wasser löslichen Fettsäuren (der Reichert-Meißlschen Zahl). Durch dieses Verfahren soll die Menge der aus dem Butterfett abspaltbaren flüchtigen Säuren bestimmt werden, indem das durch Alkali verseifte Fett mit verdünnter Säure destilliert und der Säuregehalt des Destillates durch Titrieren ermittelt wird. Diese Methode wird meistens als die zuverlässigste betrachtet. Nach Meißl „ist ein Butterfett, dessen Destillat (auf 5 g Fett bezogen) 27 ccm N.-Alkali zur Neutralisation bedarf, unbedingt als unverfälscht zu betrachten. Der Verbrauch von 26 ccm soll als zulässiges Minimum betrachtet werden. Werte unter 26 ccm berechtigen dazu, eine Verfälschung anzunehmen."

Diese ursprüngliche Annahme ist jedoch durch viele Untersuchungen hinfällig geworden, da die bei unverfälschter Butter anzunehmenden Grenzwerte viel weiter auseinanderliegen. Der Verfasser dieses Buches fand bei seinen nach Hunderten zählenden

Untersuchungen reiner, unverfälschter Naturbutter aus der Provinz Posen Grenzwerte zwischen 22,11 und 32,45 ccm. Werte unter 20 bis 22 ccm dürften wohl immer eine Verfälschung anzeigen.

Die Ausführung der Bestimmung gestaltet sich folgendermaßen: Zu genau 5 g Butterfett (die Butter wird geschmolzen und das Fett vom Bodensatz klar abfiltriert) gibt man in einem Kölbchen von etwa 300 ccm Inhalt 20 g Glycerin und 2 ccm Natronlauge (erhalten durch Auflösen von 100 g Natriumhydroxyd in 100 g Wasser, Absetzenlassen des Ungelösten und Abgießen der klaren Flüssigkeit). Die Mischung wird unter beständigem Umschwenken über einer kleinen Flamme erhitzt; sie gerät alsbald ins Sieden, das mit starkem Schäumen verbunden ist. Wenn das Wasser verdampft ist (in der Regel nach 5—8 Minuten), wird die Mischung vollkommen klar; dies ist das Zeichen, daß die Verseifung des Fettes vollendet ist. Man erhitzt noch kurze Zeit und spült die an den Wänden des Kolbens haftenden Teilchen durch wiederholtes Umschwenken des Kolbeninhalts herab. Dann läßt man die flüssige Seife auf etwa 80—90° abkühlen und wägt 90 g Wasser von etwa 80—90° hinzu. Meist entsteht sofort eine klare Seifenlösung, anderenfalls bringt man die abgeschiedenen Seifenteile durch Erwärmen auf dem Wasserbade in Lösung. Man versetzt die Seifenlösung mit 50 ccm verdünnter Schwefelsäure (25 ccm konzentrierte Schwefelsäure im Liter enthaltend) und einigen erbsengroßen Bimssteinstückchen. Der auf ein doppeltes Drahtnetz gesetzte Kolben wird darauf sofort mittels eines schwanenhalsförmig gebogenen Glasrohres (von 20 cm Höhe und 6 mm lichter Weite), welches an beiden Enden stark abgeschrägt ist, mit einem Kühler (Länge des vom Wasser umspülten Teiles nicht unter 50 cm) verbunden, und sodann werden genau 110 ccm Flüssigkeit abdestilliert (Destillationsdauer nicht über 30 Minuten). Das Destillat mischt man durch Schütteln, filtriert durch ein trockenes Filter und mißt 100 ccm ab. Diese werden nach Zusatz von 3—4 Tropfen Phenolphthaleinlösung mit $^1/_{10}$ Normal-Natronlauge titriert. Da nicht das ganze Destillat zum Titrieren verwandt ist, sondern nur $^{10}/_{11}$ desselben, so sind die zur Neutralisation erforderlichen Kubikzentimeter Natronlauge mit 1,1 zu multiplizieren, und die so gefundene Zahl ist die Reichert-Meißlsche Zahl.

c) **Nachweis von Sesamöl.** Durch Bekanntmachung des Reichskanzlers vom 4. Juli 1897 ist ein Zusatz von 10 % Sesamöl zur

Margarine und zum Margarinekäse vorgeschrieben. Auf dem Nachweis von Sesamöl beruht die Feststellung eines Zusatzes von Margarine zur Butter. Häufig muß die Sesamölreaktion allein genügen, derartige Zusätze aufzudecken, z. B. wenn man angebliche ,,Butterbrote'' zur Untersuchung erhält, bei denen also das Material zu gering ist, außerdem noch die Bestimmung der flüchtigen Fettsäuren vorzunehmen. Auf Grund eines Butterfälschungsprozesses vor der Strafkammer in Altona lag die Frage vor: ,,Ist eine Reaktion auf Sesamöl bei der Butteruntersuchung ein Beweis für das Vorliegen einer Fälschung?'' Diese Frage bejahten Soltsien, Weigmann und Reinsch, weil der wirksame Stoff ,,Sesamin'' entgegen den Anschauungen von Vieth nicht durch die Fütterung in das Milchfett übergeht. Die Ausführung der Sesamölreaktion geschieht folgendermaßen:

α) Wenn keine Farbstoffe vorhanden sind, die sich mit Salzsäure rot färben, so werden 5 ccm geschmolzenes Butterfett mit 0,1 ccm einer alkoholischen Furfurollösung (1 Raumteil farbloses Furfurol in 100 Raumteilen absoluten Alkohols gelöst) und mit 10 ccm Salzsäure vom spez. Gew. 1,19 mindestens $\frac{1}{2}$ Minute lang kräftig geschüttelt. Wenn die am Boden sich abscheidende Salzsäure eine nicht alsbald verschwindende deutliche Rotfärbung zeigt, so ist die Gegenwart von Sesamöl nachgewiesen.

β) Wenn Farbstoffe vorhanden sind, die durch Salzsäure rot getärbt werden, so schüttelt man 10 ccm geschmolzenes Butterfett in einem kleinen, zylindrischen Scheidetrichter mit 10 ccm Salzsäure vom spez. Gewicht 1,125 etwa $\frac{1}{2}$ Minute lang. Die unten sich ansammelnde rotgefärbte Salzsäureschicht läßt man abfließen, fügt zu dem in dem Scheidetrichter enthaltenen geschmolzenen Fette nochmals 10 ccm Salzsäure vom spez. Gewicht 1,125 und schüttelt wiederum $\frac{1}{2}$ Minute lang. Ist die sich abscheidende Salzsäure noch rot gefärbt, so läßt man sie abfließen und wiederholt die Behandlung des geschmolzenen Fettes mit Salzsäure vom spez. Gewicht 1,125, bis letztere nicht mehr rot gefärbt wird. Man läßt alsdann die Salzsäure abfließen und prüft 5 ccm des so behandelten geschmolzenen Butterfetts nach dem unter α beschriebenen Verfahren auf Sesamöl. Zu diesen Versuchen verwende man keine höhere Temperatur, als zur Erhaltung des Fettes in geschmolzenem Zustande notwendig ist.

Soltsien empfiehlt außer der vorstehenden Reaktion die

Anwendung von Zinnchlorür, wobei etwaige der Butter zugesetzte Farbstoffe nicht mehr störend einwirken können. 10 g krystallisiertes Zinnchlorür werden mit 2 g Salzsäure zu einem Brei angerührt und letzterer vollständig mit trockenem Chlorwasserstoff gesättigt. Die hierdurch erzielte Lösung wird nach dem Absetzen durch Asbest filtriert. Die Flüssigkeit ist in kleinen, mit Glasstopfen verschlossenen, möglichst angefüllten Flaschen aufzubewahren, da sich sonst Zinnoxychlorid bildet. Zu 3 Teilen des zu prüfenden Fettes, das in einem Reagenzglase im Wasserbade geschmolzen wurde, mischt man einen Teil der wie vorstehend bereiteten salzsauren Zinnchlorürlösung. Dann schüttelt man einmal kräftig durch, so daß eine Emulsion entsteht, und stellt das Glas sofort wieder senkrecht in das warme Wasserbad, doch nur so tief, als die Zinnchlorürlösung reicht. Diese setzt sich rasch ab und ist je nach dem Gehalte des Gemisches an Sesamöl hellhimbeerrot bis dunkelweinrot gefärbt. Bei sehr geringem Gehalt an Sesamöl kann nach wiederholtem Schütteln die zuerst aufgetretene Färbung wieder verblassen oder verschwinden. Ranzige Fette geben nicht zu verwechselnde Braunfärbungen. Die Reaktion tritt nur mit Sesamöl ein, und in Gemischen noch sehr deutlich bis zu 1 %

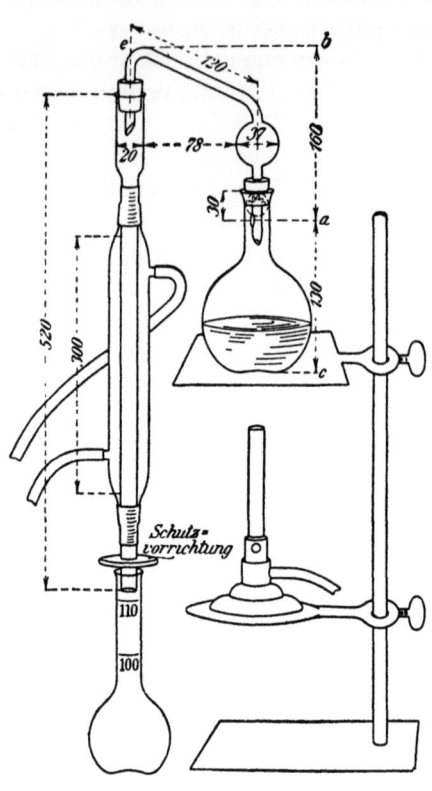

Fig. 16.
Destillationsapparat nach Polenske.

herab. Bei Anwesenheit von Curcuma tritt schon in der Kälte eine karmoisinrote Färbung auf, die beim Erwärmen verschwindet, wogegen die Reaktion mit Sesamöl erst in der Wärme auftritt.

d) **Bestimmung der „Neuen Butterzahl" nach Polenske.** Diese Bestimmung ist nur eine weitere Ausnutzung der Untersuchung des Butterfettes nach Reichert-Meißl.

Die Ausführung des Verfahrens ist folgende:

5 g klarfiltriertes Butterfett, 20 g Glycerin und 2 ccm Natronlauge (1 + 1) werden in einem 300-ccm-Kolben (mit eingebrannter Marke) von Jenaer Glas über der Flamme verseift. Die Seife wird in 90 ccm warmem ausgekochten Wasser gelöst. Die Lösung muß klar und fast farblos oder nur schwach gelblich gefärbt sein. Talgige und ranzige Fette, die eine braune Seifenlösung geben, sind von der Untersuchung auszuschließen. Die etwa 50° warme Seifenlösung wird zuerst mit 50 ccm verdünnter Schwefelsäure (25 ccm H_2SO_4 + 975 ccm H_2O), dann mit einer Messerspitze voll groben Bimsteinpulvers versetzt und nach sofortigem Verschluß des Kolbens der Destillation unterworfen. Es ist sehr zweckmäßig, die Flamme schon vorher so zu regulieren, daß das Destillat von 110 ccm innerhalb 19—21 Minuten erhalten wird. Die Kühlung ist während der Destillationszeit auch so einzurichten, daß das Destillat keineswegs warm, aber auch nicht zu kalt, sondern mit einer unter gewöhnlichen Verhältnissen sich von selbst ergebenden Temperatur von etwa 20—23° abtropft.

Sobald das Destillat die Marke 110 erreicht hat, wird zunächst die Flamme entfernt und darauf die Vorlage sofort durch einen Maßzylinder von 25 ccm Inhalt ersetzt.

Ohne vorher das Destillat zu mischen, setzt man den Kolben 10 Minuten lang so tief in Wasser von 15°, daß sich die 110-Marke etwa 3 cm unter der Oberfläche des Kühlwassers befindet. Nach Verlauf der ersten 5 Minuten bewegt man den Kolbenhals im Wasser mehrmals nur so stark, daß die auf der Oberfläche des Destillates schwimmenden Säuren an die Wandungen des Halses gelangen. Nach 10 Minuten stellt man den Aggregatzustand der auf dem Destillate schwimmenden Säuren fest. Hierbei ist zu beobachten, ob diese Säuren 1. aus einer **festen oder halbweichen, trüben, formlosen Masse** oder ob sie 2. aus **klaren Öltropfen** bestehen.

Nun wird das Destillat in dem mit Glasstopfen verschlossenen

Kolben durch 4—5 maliges Umkehren, unter Vermeidung starken Schüttelns, gemischt und filtriert. Im Filtrate wird die Reichert-Meißlsche Zahl bestimmt. Das Filter von 8 ccm Durchmesser muß fest und glatt an den Trichterwandungen anliegen. Nachdem das Destillat ganz abfiltriert ist, wird das Filter sofort 3 mal mit je 15 ccm Wasser, wodurch es jedesmal bis zum Rande gefüllt wird, gewaschen. Dieses Waschwasser wird vorher zum 3 maligen Nachspülen des Kühlrohres, des Maßzylinders und des 110-ccm. Kolbens benützt. Wenn das letzte Waschwasser, von dem die zuletzt abfiltrierenden 10 ccm durch 1 Tropfen $^1/_{10}$-Normal-Barytlauge neutralisiert werden müssen, abgetropft ist, wird derselbe Vorgang in gleicher Weise 3 mal mit je 10 ccm neutralem 90 proz. Alkohol wiederholt.

Die in den vereinigten alkoholischen Filtraten gelösten Fettsäuren werden alsdann, unter Zusatz von 3 Tropfen Phenolphthaleinlösung, mit $^1/_{10}$-Normal-Barytlauge bis zur deutlich eintretenden Rötung titriert.

Die Zahl der zur Neutralisation verbrauchten Kubikzentimeter $^1/_{10}$-Normal-Barytlauge stellt die der vorher gefundenen Reichert-Meißlschen Zahl entsprechende „Neue Butterzahl", „Polenskesche Zahl", dar.

Bei reinem Butterfett steht nach Polenske die „Neue Butterzahl" in einem gewissen Verhältnis zur Reichert-Meißlschen Zahl, so lange die letztere 27,0 nicht übersteigt; darüber hinaus ändert sich jenes Verhältnis immer mehr.

Polenske hat in nachstehender Tabelle die Reichert-Meißlschen und die Polenskeschen Zahlen zusammengestellt, die bei reinem Butterfett einander entsprechen sollen:

R.-M.-Z.	P.-Z.	Höchst zulässige P.-Z.	R.-M.-Z.	P.-Z.	Höchst zulässige P.-Z.
20—21	1,3—1,4	1,9	25—26	1,8—1,9	2,4
21—22	1,4—1,5	2,0	26—27	1,9—2,0	2,5
22—23	1,5—1,6	2,1	27—28	2,0—2,2	2,7
23—24	1,6—1,7	2,2	28—29	2,2—2,5	3,0
24—25	1,7—1,8	2,3	29—30	2,5—3,0	3,5

Durch einen Zusatz von Kokosfett zur Butter wird die Reichert-Meißlsche Zahl herabgesetzt und die Polenskesche Zahl erhöht. Bei einem Zusatz von Kokosfett von

10% erhöht sich die Polenskesche Zahl um 0,8—1,2, im Durchschnitt um 1,0
15% erhöht sich die Polenskesche Zahl um 1,4—1,8, im Durchschnitt um 1,8
20% erhöht sich die Polenskesche Zahl um 1,9—2,2, im Durchschnitt um 1,9.

1. Wird z. B. gefunden die Reichert-Meißlsche Zahl zu 25,0 und die Polenskesche Zahl zu 3,3, so ist nach der Tabelle die Polenskesche Zahl für reines Butterfett zu hoch, sie müßte in Wirklichkeit 1,8 (höchstens 2,3) betragen. Daraus ergibt sich:

$$3,3-1,8 = +1,5 \times 10 = 15\% \text{ Kokosfett.}$$

2. Gefunden Reichert-Meißlsche Zahl = 24,5; Polenskesche Zahl = 1,8; daraus ergeben sich

$$1,8-1,75 = +0,05 \times 10 = 0,5 = 0\% \text{ Kokosfett.}$$

e) **Bestimmung des Brechungsvermögens.** Dieses Verfahren gründet sich darauf, daß das Butterfett wegen seines Gehaltes an Glyceriden mit kohlenstoffärmeren flüchtigen Fettsäuren einen kleineren Brechungsexponenten hat als andere Fette.

Die wesentlichen Teile des Butterrefraktometers sind zwei Glasprismen, die in den zwei Metallgehäusen A und B enthalten sind. Je eine Fläche der beiden Glasprismen liegt frei. Das Gehäuse B ist um die Achse C drehbar, so daß die beiden freien Glasflächen der Prismen aufeinandergelegt und voneinander entfernt werden können. Die beiden Metallgehäuse sind hohl; läßt man warmes Wasser hindurchfließen, so werden die Glasprismen erwärmt. An das Gehäuse A ist eine Metallhülse für ein Thermometer angebracht, dessen Quecksilbergefäß bis in das Gehäuse A reicht. G ist ein Fernrohr, in dem eine von 0 bis 100 eingeteilte Skala angebracht ist; J ist ein Quecksilberspiegel, mit Hilfe dessen die Prismen und die Skala beleuchtet werden.

Eine Vereinbarung über den Temperaturgrad, bei welchem man refraktometrische Untersuchungen der Butter ausführen soll, ist bisher noch nicht erzielt worden. Eine geeignete Normaltemperatur scheint aber 40⁰ zu sein. Wenn man nun die Lage der kritischen Linie, die im Butterrefraktometer z. B. bei 25⁰ gefunden wurde, auf eine andere Temperatur berechnen will, so ist eine Korrektur von 0,55 Skalenteilen für jeden Grad zu machen.

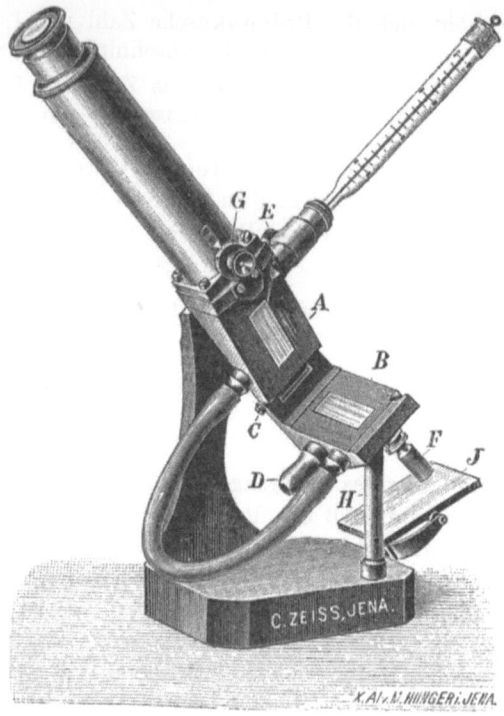

Fig. 17.
Butterrefraktometer.

Die refraktometrische Butteruntersuchung kann immer nur als eine Ausleseprobe dienen, und die daraus gezogenen Schlüsse müssen stets durch weitere Untersuchungen unterstützt werden. Wenn also auch bei der Butteruntersuchung das refraktometrisch untersuchte Fett Zahlenwerte ergibt, die innerhalb der normalen Grenzzahlen liegen, so darf man doch nicht ohne weiteres daraus schließen, daß die Probe unverfälscht ist. Denn es ist leicht, Mischungen von Margarine und Kokosnußöl herzustellen, die das

Brechungsvermögen reinen Butterfettes zeigen. Es leuchtet daher ein, daß eine beliebige Menge eines solchen Gemisches ungestraft einer Butter zugesetzt werden kann, falls man sich auf die refraktometrische Untersuchung allein verläßt.

In der nachstehenden Tabelle hat Baumert die Mittelwerte der Refraktion für einige Fette und Öle zusammengestellt:

Fette bei 40°		Öle bei 25°	
Butter	40,5—44,4	Baumwollsamenöl	67,6—69,4
Margarine	50,3—58,2	Erdnuß-(Arachis-)Öl	65,8—67,5
Oleomargarin	48,6—49,2	Kaffeebohnenöl	76,5—79,3
Rindstalg	49,0	Leinöl	87,5
Schweinefett	50,0—51,2	Mandelöl	64,0—64,8
Gänsefett	50,0—50,5	Mohnöl	72,0—74,5
Pferdefett	51,5—55,2	Olivenöl	62,0—62,8
Hammeltalg	45,0—46,0	Rüb-(Raps)öl	68,0
Kokosfett	33,5—35,5	Sesamöl	67,0—69,0
Kakaobutter	46,0—46,5	Sonnenblumenöl	72,2
Palmin	36,5	Dorschlebertran	75,0

6. Verfälschungen der Butter und deren Nachweis.

a) Zusatz von tierischen Fetten. Für den Nachweis von Rindsfett, Schweinefett, Talg, Oleomargarin usw. kommen in Betracht α) die Höhe der Reichert-Meißlschen Zahl (unter 24), β) die Höhe der Verseifungszahl (unter 222). Die Bestimmung der Verseifungszahl erfolgt nach den Angaben des Deutschen Arzneibuches.

b) Zusatz von Margarine. Der Nachweis wird geführt, α) durch eine Erhöhung der normalen Refraktometerzahl, β) durch eine erhebliche Herabsetzung der Reichert-Meißlschen Zahl (Margarine hat eine Reichert-Meißl-Zahl von 0,1—0,9), γ) durch die Sesamölreaktion.

c) Zusatz von Kokosfett. Die Beimischung größerer Mengen Kokosfett zur Butter bewirkt folgendes:

α) Eine Erhöhung der Verseifungszahl (Kokosfett hat eine Verseifungszahl von 246—268, Butterfett im allgemeinen eine solche von 119—233).

β) Eine Erniedrigung der Reichert-Meißlschen Zahl (Kokosfett hat eine Reichert-Meißl-Zahl von 6—8,5).

Beide Umstände zusammen bewirken die sogenannte „Differenz", d. h. die Differenz zwischen der Reichert-Meißlschen Zahl und der um 200 verkleinerten Verseifungszahl. Diese „Differenz" ist erfahrungsgemäß bei den meisten reinen Butterfetten gleich 0; bei Kokosfett beträgt sie etwa — 40 bis — 48. Wenn also einem Butterfette größere Mengen Kokosfett zugesetzt werden, muß die „Differenz" eine negative werden. Es kann aber auch ein Kokosfettzusatz stattgefunden haben, ohne daß die „Differenz" einen auffallenden Wert bekommt, wenn nämlich das in der Mischung befindliche Butterfett ursprünglich eine erhebliche positive Differenz besaß. In diesem Falle wird man weiteren Aufschluß durch die Polenskesche Zahl erstreben müssen.

γ) Eine Erhöhung der Polenskeschen Zahl. Im allgemeinen wird die Polenskesche Zahl durch den Zusatz von 1 % Kokosfett ungefähr um 0,1 erhöht; enthält die Butter über 20 % Kokosfett, dann findet eine stärkere Erhöhung der Zahl statt. Mit Hilfe dieses Verfahrens lassen sich in den meisten Fällen noch Zusätze von 10 % Kokosfett zur Butter erkennen, und es ist zurzeit wohl als das schärfste zum Nachweise des Kokosfettes anzusehen.

d) Absichtliche Erhöhung des Wasser- oder Salzgehaltes. Der Wassergehalt der Butter läßt sich absichtlich bis zu einem hohen Grade steigern, indem man bei gelinder Wärme geschmolzene Butter mit warmem Wasser versetzt und unter stetem Umrühren, mittels Eiskühlung, schnell erkalten läßt. Der Wassergehalt läßt sich auf diese Weise bis zu 60 % hinauftreiben. Auch die Belassung von zu viel Wasser (durch ungenügendes Auskneten) in der Butter ist als Fälschung aufzufassen.

Der Gehalt an Kochsalz soll 2—3 % für Tafelbutter nicht übersteigen. Butter mit höherem Kochsalzgehalt ist, falls es sich nicht etwa um Butter für den Export handelt, anzuhalten.

e) Zusatz von Konservierungsmitteln. Da man der Butter durch Salz allein die gewünschte Haltbarkeit sichern kann, so sind alle übrigen Zusätze als unstatthaft zu bezeichnen. Die Untersuchung der Butter auf Konservierungsmittel geschieht nach folgenden Vorschriften.

α) Borsäure. 10 g Butter werden mit alkoholischem Kali im Tiegel verseift, die Seifenlösung eingedampft und verascht. Die

Asche wird mit Salzsäure übersättigt. In die salzsaure Lösung taucht man einen Streifen gelbes Curcumapapier und trocknet das Papier auf einem Uhrglase bei 100°. Bei Gegenwart von Borsäure zeigt die eingetauchte Stelle des Curcumapapiers eine rote Färbung, die durch Auftragen eines Tropfens verdünnter Natriumcarbonatlösung in Blau übergeht.

β) Salicylsäure. Man mischt in einem Probierröhrchen 4 ccm Alkohol von 20 Volumprozent mit 2—3 Tropfen einer verdünnten Eisenchloridlösung, fügt 2 ccm Butterfett hinzu und mischt die Flüssigkeiten, indem man das mit Daumen verschlossene Probierröhrchen 40—50 mal umschüttelt. Bei Gegenwart von Salicylsäure färbt sich die untere Schicht violett.

γ) Formaldehyd. 50 g Butter werden in einem Kölbchen von etwa 250 ccm Inhalt mit 50 ccm Wasser versetzt und erwärmt. Nachdem die Butter geschmolzen ist, destilliert man unter Einleiten von Wasserdampf 25 ccm Flüssigkeit ab. 10 ccm Destillat werden mit 2 Tropfen ammoniakalischer Silberlösung versetzt; nach mehrstündigem Stehen im Dunkeln entsteht bei Gegenwart von Formaldehyd eine schwarze Trübung. (Die ammoniakalische Silberlösung erhält man durch Auflösen von 1 g Silbernitrat in 30 ccm Wasser, Versetzen der Lösung mit verdünntem Ammoniak, bis der anfänglich entstehende Niederschlag sich wieder gelöst hat, und Auffüllen der Lösung mit Wasser auf 50 ccm.)

7. Nachmachungen der Butter.

Hierzu gehören:
  a) Die Margarine.
  b) Butterähnliche Fettmischungen.
  c) Mechanisch bearbeitete Pflanzenfette.

Der Verkauf von Margarine unter dem Namen „Butter" ist als Betrug aufzufassen.

Fette oder Fettmischungen dürfen einen Zusatz von Farbstoffen, um sie butterähnlich zu machen, nicht erhalten (Gesetz betr. die Fleischbeschau vom 3. VI. 1900, 21).

Gelbgefärbte, butter- oder butterschmalzähnliche Pflanzenfette, z. B. Kokosfett, dürfen nur unter den für Margarine vorgeschriebenen Bedingungen (Zusatz von 10 % Sesamöl, Kennzeichnung) in den Handel gebracht werden.

8. Verdorbene Butter.

Verdorben sind Butter und Butterschmalz, wenn sie **starke Fehler im Geruch und Geschmack**, wie auch sonstige Fehler aufweisen, die sie **für den menschlichen Genuß ungeeignet machen**.

Der Nachweis der Verdorbenheit wird geführt:

a) Durch die sinnliche Prüfung, welche sich auf Geruch, Geschmack und Aussehen bezieht. Als verdorben ist auf Grund dieser Prüfung stark talgige, ranzige, ölige, bittere Butter sowie Butter von ekelerregendem Aussehen, Geschmack und Geruch zu beanstanden.

b) Durch die mikroskopische und hygienische Prüfung. Zunächst ist die Butter auf Schimmelpilze zu prüfen, deren Hyphengewebe beim Schmelzen der Butter im Becherglase als schleimige, fädige Massen abfiltriert, und dann mikroskopisch nach Entfettung mit Äther weiter untersucht werden können. Die Schimmelpilzvegetation kann entweder nur die Oberfläche oder auch bereits das Innere der Butter ergriffen haben. Als häufigste Schimmelpilze fand der Verfasser Oidium lactis, Penicillium glaucum und Mucor Mucedo. Rote Butter wäre auf die Gegenwart von Rosahefe zu prüfen. Die Untersuchung auf pathogene Bakterien ist durch Tierversuche nach den Regeln der Bakteriologie zu führen.

c) Durch die Bestimmung der freien Fettsäuren (des Säuregrades).

III. Untersuchungsmethoden des Käses.
1. Chemische Zusammensetzung der Käse.
Die chemische Zusammensetzung der Käse ist je nach der Herstellungsweise sehr verschieden. Ihre Trockenmasse enthält 20—66 %, im Mittel 10—50 % an Caseinen und Albuminaten und deren Zersetzungsprodukten. Daneben finden sich in der Trockensubstanz 10—70 % an Fetten und deren Zersetzungsprodukten und reichliche Mengen von Mineralbestandteilen mit viel phosphorsaurem Kalk.

Die chemische Zusammensetzung läßt sich überhaupt nur für ganz frische Käse, in denen Casein oder Paracasein und Fett noch nicht verändert sind, genauer angeben. Für reife, durch weitgehende Zersetzungsvorgänge veränderte Milcherzeugnisse mit einer großen Zahl von Bestandteilen, die zum Teil sich nicht einmal scharf voneinander trennen lassen, ist dies nicht gut möglich, zumal auch einheitliche Arbeitsmethoden auf diesem Gebiete nicht vorhanden sind.

Entsprechend dem Fettgehalt der Flüssigkeit, aus der die Käse hergestellt sind, spricht man von vollfetten, fetten, halbfetten und mageren Käsen. Wegen des ungleichen Fettgehaltes der Vollmilch muß aber der Fettgehalt der sogen. fetten, halbfetten, viertelfetten usw. Käse schwanken. Mit diesen Bezeichnungen wird deshalb vielfach nur der Schein einer besseren Beschaffenheit erweckt.

Als eigentlichen Wertmesser für die Beurteilung eines Käses gilt daher allgemein der prozentische Fettgehalt der Trockenmasse. Ganz falsch wäre es aber, den absoluten Fettgehalt allein zur Beurteilung heranziehen zu wollen, da dieser stets erheblich schwanken wird, je nachdem der Käse mehr oder weniger Wasser enthält. Dagegen muß sich der prozentische Fettgehalt in der Trockenmasse bei allen Käsen aus gleich fetter Milch wenigstens ziemlich annähernd gleich bleiben. Hierfür ein Beispiel:

Zusammensetzung	Käse I %	Käse II %
Fett im Käse	16,95	21,04
Trockenmasse	46,43	57,52
Fett in der Trockenmasse	36,50	36,58

Danach wäre also, wenn man nur den Fettgehalt des Käses berücksichtigt hätte, der Käse II höher zu bewerten gewesen als der Käse I, obwohl beide aus einer Milch mit gleichem Fettgehalt gemacht waren, was nur der prozentische Fettgehalt der Trockenmasse zum Ausdruck bringt.

Die Deutsche Landwirtschaftsgesellschaft hat folgende Normen für die Beurteilung der Käse aufgestellt:

Fettgehalt unter 25 % der Trockenmasse = magere Käse
„ von 25—35 „ „ „ = halbfette „
„ „ 35—45 „ „ „ = fette „
„ über 45 „ „ „ = vollfette „

2. Probenentnahme für die Analyse.

Bei der Probenentnahme ist darauf zu achten, daß der zur Untersuchung gelangende Teil nicht bloß der Rinde oder nur der inneren Partie des Käses entstammt, sondern daß er möglichst einem radialen Ausschnitt entspricht. Kleine Käse nimmt man ganz in Arbeit. Harte Käse zerkleinert man auf einer Reibe, weiche Käse dagegen werden am besten mittels des Pistills in einer Reibschale zu einer gleichmäßigen Masse verarbeitet. Die zu entnehmende Probe soll mindestens 300 g betragen.

Auch das Zerschneiden des Käses in möglichst kleine Würfel, Durchmischen derselben, und ihre Aufbewahrung in Glasstöpsel-flaschen zum Zwecke der Analyse hat sich gut bewährt.

3. Bestimmung des Wassergehaltes.

a) **Gewichtsanalytische Bestimmung.** Für jede Bestimmung des Wassers werden 5 g Käse abgewogen, die 6 Stunden lang in dem geheizten und auf 101—103° gehaltenen Soxhletschen Glycerintrockenschrank zu stehen haben. Die Trockenmasse wird in bedeckten Schalen gewogen.

Außerordentlich empfehlenswert sind auch die von Siegfeld konstruierten Reibschalen mit leichtem Glaspistill. In diese Schalen tut man etwas gereinigten Seesand, wägt zunächst Schale mit Sand und Pistill und beschickt darauf mit ungefähr 5 g Käse. Nach Feststellung des Käsegewichts wird die Schale 1 Stunde lang auf dem siedenden Wasserbade gehalten, wobei der Käse schmilzt und mit dem Sande innig vermengt werden kann. Darauf wird noch 1 Stunde im Wassertrockenschrank nachgetrocknet, so daß die ganze Prozedur in 2 Stunden beendet ist.

b) Bestimmung nach Teichert-Hammerschmidt. Bei diesem Verfahren wird die Substanz mit der vier- bis sechsfachen Menge Seesand während 20—25 Minuten in einem besonderen Trockenofen getrocknet und durch Wägung das Gewicht des verdampften Wassers bestimmt.

Vom Käse ist eine gute Durchschnittsprobe zu entnehmen, die am besten noch im Mörser zerdrückt und zerrieben wird. Alle harten und eingetrockneten Käseteilchen sind bei der Probe auszuscheiden.

Zur Abwägung der Substanz bediene man sich der Butterwasserkontrollwage „Perplex" und eines Bechers für die Butterwasserbestimmung. Man tariert diesen mit dem Buttergewicht 10 g genau aus, ersetzt dann dieses Gewicht durch ein 5 g schweres halbes Buttergewicht und bringt so viel Käse in möglichst einem großen Stück hinein, bis wieder Gleichgewicht vorhanden ist. Dann entfernt man das kleine 5-g-Gewicht und die Metallschale, so daß der Becher auf das Kreuz zu stehen kommt.

Fig. 18.
Käse-Trockenofen.

Man stellt nun ein kleines pistillartig vergrößertes Glasstäbchen ein und bringt über die Käseschicht so viel geglühten Seesand, bis das Gleichgewicht eingestellt ist. Jetzt setzt man den Becher in den Einsatz des Wärmeofens, dessen Glycerinfüllung auf 100° gebracht worden ist, und läßt ihn dort 5 Minuten stehen.

In dieser Zeit ist jeder Käse weich und geschmeidig geworden und der Becherinhalt auf ungefähr 80° erwärmt. Man rührt nun

Käse und Sand durcheinander, bis eine gleichmäßige, teigartige Masse entsteht, und erhitzt unter zeitweisem Rühren 20 Minuten, wobei die Temperatur des Glycerins auf 130° gesteigert wird.

Wenn der Käse zu trocknen beginnt, bilden sich gesinterte Sandklumpen, die man sofort mit dem Pistill zerstößt, weil die Teile im Innern schlecht austrocknen.

Ist der Prozeß beendet, so hat man einen gleichmäßigen, körnigen trockenen Sand, der bei Anwesenheit von sehr viel Fett im Käse etwas fettig aussieht.

Man läßt den Becher erkalten, bringt ihn auf die Wage und liest den Gewichtsverlust ab. Die mit den Reitern erzielte Zahl ist zu verdoppeln, da statt 10 g nur die Hälfte Substanz angewendet worden ist.

Der Wärmeofen ist stets so weit mit konzentriertem Glycerin gefüllt zu erhalten, daß der Einsatz in das Glycerin hineinragt.

4. Bestimmung des Fettes.

a) Gewichtsanalytische Bestimmung nach Bondzynski-Ratzlaff.

Man wiegt ungefähr 5 g Käse in ein Kölbchen von 30—50 ccm Inhalt ein. Nach Zugabe von 10 ccm Salzsäure vom spezifischen Gewicht 1,19 wird dieses mit einem Kork verschlossen, in den eine schmale Rinne seitlich eingeschnitten ist, durch welche die Dämpfe entweichen können. Unter Umschwenken wird über kleiner Flamme erwärmt und die Flüssigkeit nach erfolgter Lösung in einen Gottliebschen Zylinder gegossen. Das Lösungskölbchen und der Korkstopfen werden 3—4 mal mit kleinen Mengen Äther in den Zylinder abgespült und das Äthervolum im Zylinder auf 25 ccm ergänzt. Nach Verschluß wendet man den Zylinder dreimal um, setzt noch 25 ccm Petroläther (Siedepunkt unter 70°) hinzu, schüttelt wieder, läßt mindestens 2 Stunden ruhig stehen und hebert dann die Ätherfettlösung bis auf 1—2 ccm in ein gewogenes Kölbchen ab. Zum Rückstand im Zylinder gibt man nochmal 25 ccm Äther und 25 ccm Petroläther, schüttelt wie vorhin und hebert nach abermaligem, mindestens zweistündigem ruhigen Stehen in dasselbe Kölbchen ab. Nach dem Verjagen des Äthers (durch Abdestillieren oder Einstellen des Kölbchens in warmes Wasser) wird das Fett zwei Stunden lang getrocknet, die letzte Spur von Äther-Petroläther vorsichtig aus dem Kölbchen geblasen und nach dem Erkalten gewogen.

Bestimmung des Fettes. 71

b) **Bestimmung nach Gerber-Siegfeld.** Ungefähr 2,5 g Käse werden in einem kleinen Kölbchen abgewogen und in 10 ccm Salzsäure vom spezifischen Gewicht 1,124 über einer kleinen Flamme unter Umschütteln gelöst. Die Lösung wird dann in ein Milchbutyrometer umgefüllt und das Kölbchen mit der gleichen Säure einigemal ausgespült. Das Umfüllen geschieht am besten mit Hilfe eines kleinen Trichters, dessen Stiel so weit abgeschnitten ist, daß er gerade bis zum unteren Ende des Butyrometerhalses reicht. Die Milchbutyrometer sind so eingerichtet, daß eine Füllung mit insgesamt 22 ccm Flüssigkeit erforderlich ist. Da noch 1 ccm Amylalkohol zugesetzt werden muß, ist das Gesamtvolumen der sauren Flüssigkeit auf 21 ccm zu bemessen. Nach dem Einfüllen der sauren Flüssigkeit wird 1 ccm Amylalkohol zugesetzt, durchgeschüttelt, im Wasserbade auf 60—70° angewärmt, noch einmal durchgeschüttelt, 5—6 Minuten zentrifugiert und nach abermaligem Aufwärmen im Wasserbade das Ergebnis abgelesen. Nach dem Ablesen ist eine Umrechnung vorzunehmen. Die Angaben der Skala des Milchbutyrometers beziehen sich auf 11 ccm Milch oder unter Zugrundelegung des durchschnittlichen spezifischen Gewichtes der Milch von 1,030 auf 11,33 g Substanz. Die Umrechnung erfolgt also ganz einfach durch Multiplikation der abgelesenen Prozente mit 11,33 und Division durch die abgewogene Menge Käse.

In einer Formel ausgedrückt:

$$f = \frac{p \times 11{,}33}{k}$$

f = der prozentische Fettgehalt des Käses,
p = die an der Skala abgelesenen Fettprozente,
k = die abgewogene Menge Käse.

Bei fettreicheren Käsen sind die Resultate nach dieser Methode recht brauchbare. Bei mageren Käsen tritt jedoch leicht Pfropfenbildung ein, welche die Ablesung erheblich zu stören vermag.

c) **Bestimmung nach Hammerschmidt.** Bei diesem Verfahren wird der Käse in besonderen Kölbchen mit einsetzbarem Bodengefäß mit Schwefelsäure von spezifischem Gewicht 1,60 behandelt, die Käsesubstanz gelöst und das durch Schleudern ausgeschiedene Fett an der Skala in Gewichtsprozenten abgelesen. Für Käse ist eine gute Durchschnittsprobe zu entnehmen, die am besten noch im Mörser zerdrückt oder zerrieben wird. Alle harten und eingetrockneten Käseteilchen sind bei der Probe auszuscheiden. Man wiege in das mit Gummidichtung umgebene Bodengefäß 5 g Käse ein, wobei man sich am besten der Butterwasserkontrollwage bedient, indem man das Gefäß auf die Schale setzt, das kleine 5-g-Gewicht (mit ½ Butter bezeichnet), einhängt und mit feinem Schrot oder Sand die Wage austariert. Dann entfernt man das Gewicht und bringt dafür Käse in kleine Stückchen zerteilt in das Gefäß, bis wieder Gleichgewicht vorhanden ist. Nun setzt man das Bodengefäß fest in das Kölbchen ein und füllt so viel Schwefelsäure hinzu, das es zu dreiviertel gefüllt ist.

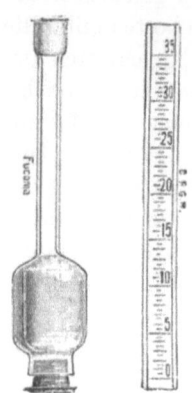

Fig. 19.
Käseprüfer.

Inzwischen wird das auf zweidrittel Teile gefüllte Wasserbad auf 90 bis 95° erhitzt. Die Kölbchen werden zunächst in die Zentrifuge gebracht, und man macht rasch 10 Kurbelumdrehungen, wobei der Käse im Gefäß hoch kommt und dann auf der Säure schwimmt.

Man nimmt die Kolben nun in das Wasserbad, wo sie anfänglich einige Male leicht gedreht werden. Die Temperatur wird bis zum Kochen gesteigert. Nach 10 bis 15 Minuten nimmt man die Kolben heraus, schwenkt sie leicht herum, um gefärbte und ungefärbte Säure etwas zu mischen, und zentrifugiert 3 Minuten. Dann erhitzt man weitere 10 Minuten und schleudert nun zum zweiten Male 4 bis 5 Minuten. Unbedingt nötig ist das erste Zwischenschleudern nicht.

Die Säureoberfläche muß nach dem zweiten Schleudern spiegelblank erscheinen, und das Fett tadellos klar sein. Man füllt nun 65° warme Schwefelsäure in den schräg gehaltenen Kolben ein, bis das Fett in die Skala aufgestiegen, und temperiert auf 65° im Wasserbade. Sollte die gebildete Säure-Fettmischung dabei nicht von selbst auseinandergehen, so schleudre man noch eine Minute, aber nur mit der halben Geschwindigkeit.

Durch leichtes Drücken oder Ziehen am Bodengefäß kann man die Trennungsschicht von Fett und Säure auf einen großen Teilstrich einstellen und dadurch ebenso bequem wie im Butyrometer ablesen. Ein Schütteln des Kolbeninhaltes beim Lösen ist zu vermeiden, desgleichen schnelles Schleudern der angefüllten Kolben.

Sollten sich noch im angefüllten Kolben wider Erwarten Pfropfen zeigen, so träufle man in das Instrument von oben 2—3 Tropfen einer erwärmten Lösung aus zwei Teilen gutem Brennspiritus, 1 Teil Wasser und 1 Teil Lösungssäure. Diese schichtet sich zwischen dem Fett und den auf der Säure lagernden Pfropfen, so daß das Fett bequem abgelesen werden kann.

5. Bestimmung des gesamten Stickstoffgehaltes.

Man verwendet etwa 2 g Substanz zur Bestimmung des Stickstoffgehaltes nach der Methode von Kjeldahl und multipliziert das Ergebnis mit dem Faktor 6,39.

6. Bestimmung des Milchzuckers.

Milchzucker findet sich nur in der frischen Käsemasse. In ausgereiften Käsen ist derselbe durch die Tätigkeit der Bakterien vollständig in Milchsäure übergeführt worden. Man laugt ihn durch Extraktion aus der Käsemasse mittels Wasser aus und bestimmt im Filtrate seine Menge nach der Soxhletschen Reduktionsmethode.

7. Bestimmung der Mineralbestandteile.

10 g Käse werden im Tiegel verkohlt und verascht wie üblich. In der wäßrigen Lösung der Asche bestimmt man die vorhandene Kochsalzmenge durch Titration des Chlors.

Um die ganze Chlormenge zu gewinnen, muß man mit einem alkalischen Zusatz einäschern oder die Käsemasse mit reichlichen Mengen einer Mischung von 1 Teil Salpeter und 2 Teilen Soda innig mischen und nach dem Trocknen im zugedeckten Platintiegel vorsichtig verpuffen.

8. Bestimmung der freien Säure.

10 g Käse werden fein zerrieben und mehrmals mit Wasser ausgekocht. Die Auszüge werden auf 200 ccm filtriert und in 100 ccm die Säure mit $^1/_{10}$ Normal-Natronlauge titriert (1 ccm derselben = 0,0009 g Milchsäure).

9. Verfälschungen von Käse und deren Nachweis.

Als Verfälschungen eines Käses kommen in Betracht:
a) Der Verkauf von mageren oder halbfetten Käsen als Fettkäse.
b) Der Zusatz fremdartiger Bestandteile zum Käse.

Das erste Vergehen wird nachgewiesen durch eine Fettbestimmung in Verbindung mit einer Trockensubstanzbestimmung und Feststellung des prozentischen Fettgehaltes der Trockensubstanz.

Der Zusatz fremdartiger Bestandteile zum Käse kann in folgendem bestehen:

α) **Mehlzusatz.** Zum Nachweis wird die Käsemasse entfettet, mit Wasser ausgezogen und der Rückstand mikroskopisch und qualitativ mittels Jodlösung auf Stärkemehl geprüft. Nur der Roquefortkäse erhält bei seiner Bereitung Zusätze von gemahlenem, verschimmeltem Brot.

β) **Mineralische Zusätze.** An anorganischen Zusätzen darf der Käse nur Kochsalz enthalten. Zusätze von Gips, Schwerspat und Kreide sind leicht zu erkennen, da die Käseasche hauptsächlich phosphorsauren Kalk enthält. Ebenso werden Schwermetalle in der Asche unschwer nachgewiesen.

Bei Käseuntersuchungen handelt es sich fast ausschließlich um die Feststellung, ob beim Verkaufe der garantierte Fettgehalt auch tatsächlich vorhanden ist oder nicht. Der Nachweis fremdartiger Bestandteile dürfte nur in ganz außerordentlich seltenen Fällen zu führen sein, da derartige Verfälschungen in der Jetztzeit kaum noch vorkommen.

10. Nachmachungen von Käse.

Hierzu gehören die Kunst- oder Margarinekäse, deren Verkauf jedoch nicht strafbar ist, solange sie unter ihrer wahren Bezeichnung feilgehalten werden.

Margarinekäse müssen einen wenigstens 10 % ihres Fettgehaltes ausmachenden Sesamölzusatz enthalten.

Die Beurteilung, ob ein Käse als Margarinekäse zu betrachten ist, erfolgt auf Grund der Untersuchung des Käsefettes nach denselben Gesichtspunkten wie beim Butterfett.

Zur Abscheidung des Käsefettes aus dem Käse verfährt man wie folgt:

50 g zerkleinerte Käsemasse werden in einer Reibschale mit 100 ccm Salzsäure vom spezifischen Gewicht 1,125 zerrieben, die Mischung in ein Becherglas übergeführt und im kochenden Wasserbade erhitzt. Nach dem Erkalten sammelt man die abgeschiedene Fettschicht, reinigt sie durch Erwärmen mit Wasser von der anhaftenden Säure, läßt sie wieder erstarren, trocknet die feste Fettscheibe mit Filtrierpapier, schmilzt und filtriert das Fett durch ein trockenes Filter.

11. Verdorbener Käse.

Der Verkauf ekelerregender oder verdorbener Käse ist zu beanstanden. Hierzu gehören:

a) mit Maden und Larven der Käsefliege (Piophila casei) sowie mit Käsemilben (Acarus siro) in größerer Zahl bedeckte Käse.

b) Verschimmelte Käse (abgesehen von besonderen Arten, wie Roquefort-, Gorgonzola-, Stiltonkäse).

c) Blaue, rote, schwarze, bittere, laufende, fließende und geblähte Käse.

d) Überreife und faulige Käse.

Tabelle I

zur Bestimmung des gewichtsprozentischen Fettgehalts in Vollmilch aus dem spez. Gewicht der Ätherfettlösung bei 17,5° nach Soxhlet.

Spez. Gew.	Fett %	Spez. Gew.	Fett %	Spez. Gew.	Fett %	Spez. Gew.	Fett %	Spez. Gew.	Fett %
43,0	2,07	47,7	2,61	52,3	3,16	56,9	3,74	61,5	4,39
43,1	2,08	47,8	2,62	52,4	3,17	**57,0**	3,75	61,6	4,40
43,2	2,09	47,9	2,63	52,5	3,18	57,1	3,76	61,7	4,42
43,3	2,10	**48,0**	2,64	52,6	3,20	57,2	3,78	61,8	4,44
43,4	2,11	48,1	2,66	52,7	3,21	57,3	3,80	61,9	4,46
43,5	2,12	48,2	2,67	52,8	3,22	57,4	3,81	**62,0**	4,47
43,6	2,13	48,3	2,68	52,9	3,23	57,5	3.82	62,1	4,48
43,7	2,14	48,4	2,70	**53,0**	3,25	57,6	3,84	62,2	4,50
43,8	2,16	48,5	2,71	53,1	3,26	57,7	3,85	62,3	4,52
43,9	2,17	48,6	2,72	53,2	3,27	57,8	3,87	62,4	4,53
44,0	2,18	48,7	2,73	53,3	3,28	57,9	3,88	62,5	4,55
44,1	2,19	48,8	2,74	53,4	3,29	**58,0**	3,90	62,6	4,56
44,2	2,20	48,9	2,75	53,5	3,30	58,1	3,91	62,7	4,58
44,3	2,22	**49,0**	2,76	53,6	3,31	58,2	3,92	62,8	4,59
44,4	2,23	49,1	2,77	53,7	3,33	58,3	3,93	62,9	4,61
44,5	2,24	49,2	2,78	53,8	3,34	58,4	3,95	**63,0**	4,63
44,6	2,25	49,3	2,79	53,9	3,35	58,5	3,96	63,1	4,64
44,7	2,26	49,4	2,80	**54,0**	3,37	58,6	3,98	63,2	4,66
44,8	2,27	49,5	2,81	54,1	3,38	58,7	3,99	63,3	4,67
44,9	2,28	49,6	2,83	54,2	3,39	58,8	4,01	63,4	4,69
45,0	2,30	49,7	2,84	54,3	3,40	58,9	4,02	63,5	4,70
45,1	2,31	49,8	2,86	54,4	3,41	**59,0**	4,03	63,6	4,71
45,2	2,32	49,9	2,87	54,5	3,43	59,1	4,04	63,7	4,73
45,3	2,33	**50,0**	2,88	54,6	3,45	59,2	4,06	63,8	4,75
45,4	2,34	50,1	2,90	54,7	3,46	59,3	4,07	63,9	4,47
45,5	2,35	50,2	2,91	54,8	3,47	59,4	4,09	**64,0**	4,79
45,6	2,36	50,3	2,92	54,9	3,48	59,5	4,11	64,1	4,80
45,7	2,37	50,4	2,93	**55,0**	3,49	59,6	4,12	64,2	4,82
45,8	2,38	50,5	2,94	55,1	3,51	59,7	4,14	64,3	4,84
45,9	2,39	50,6	2,96	55,2	3,52	59,8	4,15	64,6	4,85
46,0	2,40	50,7	2,97	55,3	3,53	59,9	4,16	64,5	4,87
46,1	2,42	50,8	2,98	55,4	3,55	**60,0**	4,18	64,6	4,88
46,2	2,43	50,9	2,99	55,5	3,56	60,1	4,19	64,7	4,90
46,3	2,44	**51,0**	3,00	55,6	3,57	60,2	4,20	64,8	4,92
46,4	2,45	51,1	3,01	55,7	3,59	60,3	4,21	64,9	4,93
46,5	2,46	51,2	3,03	55,8	3,60	60,4	4,23	**65,0**	4,95
46,6	2,47	51,3	3,04	55,9	3,61	60,5	4,24	65,1	4,97
46,7	2,49	51,4	3,05	**56,0**	3,63	60,6	4,26	65,2	4,98
46,8	2,50	51,5	3,06	56,1	3,64	60,7	4,27	65,3	5,00
46,9	2,51	51,6	3,08	56,2	3,65	60,8	4,29	65,4	5,02
47,0	2,52	51,7	3,09	56,3	3,67	60,9	4,30	65,5	5,04
47,1	2,54	51,8	3,10	56,4	3,68	**61,0**	4,32	65,6	5,05
47,2	2,55	51,9	3,11	56,5	3,69	61,1	4,33	65,7	5,07
47,3	2,56	**52,0**	3,12	56,6	3,71	61,2	4,35	65,8	5,09
47,4	2,57	52,1	3,14	56,7	3,72	61,3	4,36	65,9	5,11
47,5	2,58	52,2	3,15	56,8	3,73	61,4	4,37	**66,0**	5,12
47,6	2,60								

77

Tabelle II

zur Bestimmung des gewichtsprozentischen Fettgehalts in Magermilch aus dem spez. Gewicht der Ätherfettlösung bei 17,5° nach Soxhlet.

Spez. Gew.	Fett %	Spez. Gew.	Fett %	Spez. Gew.	Fett %	Spez. Gew.	Fett %	Spez. Gew.	Fett %
21,1	0,00	25,5	0,41	29,9	0,82	34,3	1,22	38,7	1,64
21,2	0,01	25,6	0,42	**30,0**	0,83	34,4	1,23	38,8	1,65
21,3	0,02	25,7	0,43	30,1	0,84	34,5	1,24	38,9	1,66
21,4	0,03	25,8	0,44	30,2	0,85	34,6	1,24	**39,0**	1,67
21,5	0,04	25,9	0,45	30,3	0,86	34,7	1,25	39,1	1,68
21,6	0,05	**26,0**	0,46	30,4	0,87	34,8	1,26	39,2	1,69
21,7	0,06	26,1	0,47	30,5	0,88	34,9	1,27	39,3	1,70
21,8	0,07	26,2	1,48	30,6	0,88	**35,0**	1,28	39,4	1,71
21,9	0,08	25,3	0,49	30,7	0,89	35,1	1,29	39,5	1,72
22,0	0,09	26,4	0,50	30,8	0,90	35,2	1,30	39,6	1,73
22,1	0,10	26,5	0,50	30,9	0,91	35,3	1,31	39,7	1,74
22,2	0,11	26,6	0,51	**31.0**	0,92	35,4	1,32	39,8	1,75
22,3	0,12	26,7	0,52	31,1	0,93	35,5	1,33	39,9	1,76
22,4	0,13	26,8	0,53	31,2	0,94	35,6	1,33	**40,0**	1,77
22,5	0,14	26,9	0,54	31,3	0,95	35,7	1,34	40,1	1,78
22,6	0,15	**27,0**	0,55	31,4	0,95	35,8	1,35	40,2	1.79
22,7	0,16	27,1	0,56	31,5	0,96	35,9	1,36	40,3	1,80
22,8	0,17	27,2	0,57	31,6	0,97	**36,0**	1,37	40,4	1,81
22,9	0,18	27,3	0,58	31,7	0,98	36,1	1,38	40,5	1,82
23,0	0,19	27,4	0,59	31,8	0,99	36,2	1,39	40,6	1,83
23,1	0,20	27,5	0,60	31,9	1,00	36,3	1,40	40,7	1,84
23,2	0,21	27,6	0,60	**32,0**	1,01	36,4	1,41	40,8	1,85
23,3	0,22	27,7	0,61	32,1	1,02	36,5	1,42	40,9	1,86
23,4	0,23	27,8	0,62	32,2	1,03	36,6	1,43	**41,0**	1,87
23,5	0,24	27,9	0,63	32,3	1,04	36,7	1,44	41,1	1,88
23,6	0,25	**28,0**	0,64	32,4	1,05	36,8	1,45	41,2	1,89
23,7	0,25	28,1	0,65	32,5	1,05	36,9	1,46	41,3	1,90
23,8	0,26	28,2	0,66	32,6	1,06	**37,0**	1,47	41,4	1,91
23,9	0,27	28,3	0,67	32,7	1,07	37,1	1,48	41,5	1,92
24,0	0,28	28,4	0,68	32,8	1,08	37,2	1,49	41,6	1,93
24,1	0,29	28,5	0,69	32,9	1,09	37,3	1,50	41,7	1,94
24,2	0,30	28,6	0,70	**33,0**	1,10	37,4	1,51	41,8	1,95
24,3	0,30	27,7	0,71	33,1	1,11	37,5	1,52	41,9	1,96
24,4	0,31	28,8	0,72	23,2	1,12	37,6	1,53	**42,0**	1,97
24,5	0,32	28,9	0,73	33,3	1,13	37,7	1,54	42,1	1,98
24,6	0,33	**29,0**	0,74	33,4	1,14	37,8	1,55	42,2	1,99
24,7	0,34	29,1	0,75	33,5	1,15	37,9	1,56	42,3	2,00
24,8	0,35	29,2	0,76	33,6	1,15	**38,0**	1,57	42,4	2,01
24,9	0,36	29,3	0,77	33,7	1,16	39,1	1,58	42,5	2,02
25,0	1,37	29,4	0,78	33,8	1,17	38,2	1,59	42,6	2,03
25,1	0,38	29,5	0,79	33,9	1,18	38,3	1,60	42,7	2,04
25,2	0,39	29,6	0,80	**34,0**	1,19	38,4	1,61	42,8	2,05
25,3	0,40	29,7	0,80	34,1	1,20	38,5	1,62	42,9	2,06
25,4	0,40	29,8	0,81	34,2	1,21	38,6	1,63	**43,0**	2,07

Tabelle III
für das Wollnysche Milchfettrefraktometer.

St.	Fett %	St.	Fett %	St.	Fett %	St.	Fett %	St.	Fett %	St.	Fett %	St.	Fett %
20,1		**24,7**	0,33	**29,3**	0,78	**33,9**	1,27	**38,5**	1,78	**43,1**	2,35	**47,7**	2,98
2		8	0,34	4	0,79	**34,0**	1,28	6	1,79	2	2,37	8	3,00
3		9	0,35	5	0,80	1	1,29	7	1,81	3	2,38	9	3,01
4		**25,0**	0,36	6	0,81	2	1,30	8	1,82	4	2,39	**48,0**	3,02
5		1	0,37	7	0,82	3	1,31	9	1,83	5	2,41	1	3,04
6	0,00	2	0,38	8	0,83	4	1,32	**39,0**	1,84	6	2,42	2	3,05
7	0,01	3	0,38	9	0,84	5	1,33	1	1,85	7	2,43	3	3,07
8	0,01	4	0,39	**30,0**	0,85	6	1,35	2	1,87	8	2,45	4	3,08
9	0,02	5	0,40	1	0,86	7	1,36	3	1,88	9	2,46	5	3,10
21,0	0,03	6	0,41	2	0,87	8	1,37	4	1,89	**44,0**	2,47	6	3,11
1	0,04	7	0,42	3	0,88	9	1,38	5	1,90	1	2,48	7	3,13
2	0,04	8	0,43	4	0,89	**35,0**	1,39	6	1,91	2	2,50	8	3,15
3	0,05	9	0,44	5	0,90	1	1,40	7	1,92	3	2,51	9	3,16
4	0,06	**26,0**	0,45	6	0,91	2	1,41	8	1,94	4	2,52	**49,0**	3,17
5	0,07	1	0,46	7	0,92	3	1,42	9	1,95	5	2,54	1	3,19
6	0,08	2	0,47	8	0,93	4	1,43	**40,0**	1,96	6	2,55	2	3,20
7	0,08	3	0,48	9	0,94	5	1,44	1	1,97	7	2,56	3	3,22
8	0,09	4	0,49	**31,0**	0,95	6	1,46	2	1,98	8	2,57	4	3,23
9	0,10	5	0,50	1	0,96	7	1,47	3	2,00	9	2,59	5	3,25
22,0	0,11	6	0,51	2	0,97	8	1,48	4	2,01	**45,0**	2,60	6	3,26
1	0,12	7	0,52	3	0,98	9	1,49	5	2,02	1	2,61	7	3,28
2	0,13	8	0,53	4	0,99	**36,0**	1,50	6	2,03	2	2,63	8	3,29
3	0,13	9	0,54	5	1,00	1	1,51	7	2,05	3	2,64	9	3,31
4	0,14	**27,0**	0,55	6	1,02	2	1,52	8	2,06	4	2,65	**50,0**	3,32
5	0,15	1	0,56	7	1,03	3	1,53	9	2,07	5	2,67	1	3,34
6	0,16	2	0,57	8	1,04	4	1,54	**41,0**	2,08	6	2,68	2	3,35
7	0,17	3	0,58	9	1,05	5	1,55	1	2,09	7	2,70	3	3,37
8	0,17	4	0,59	**32,0**	1,06	6	1,57	2	2,11	8	2,71	4	3,38
9	0,18	5	0,60	1	1,07	7	1,58	3	2,12	9	2,73	5	3,40
23,0	1,19	6	0,61	2	1,08	8	1,59	4	2,13	**46,0**	2,74	6	3,41
1	0,20	7	0,62	3	1,09	9	1,60	5	2,15	1	2,76	7	3,43
2	0,21	8	0,63	4	1,10	**37,0**	1,61	6	2,16	2	2,77	8	3,44
3	0,21	9	0,64	5	1,11	1	1,62	7	2,17	3	2,78	9	3,46
4	0,22	**28,0**	0,65	6	1,13	2	1,63	8	2,19	4	2,80	**51,0**	3,47
5	0,23	1	0,66	7	1,14	3	1,64	9	2,20	5	2,81	1	3,48
6	0,24	2	0,67	8	1,15	4	1,65	**42,0**	2,21	6	2,83	2	3,50
7	0,25	3	0,68	9	1,16	5	1,66	1	2,22	7	2,84	3	3,51
8	0,25	4	0,69	**33,0**	1,17	6	1,68	2	2,24	8	2,86	4	3,53
9	0,26	5	0,70	1	1,18	7	1,69	3	2,25	9	2,87	5	3,54
24,0	0,27	6	0,71	2	1,19	8	1,70	4	2,26	**47,0**	2,88	6	3,56
1	0,28	7	0,72	3	1,20	9	1,71	5	2,28	1	2,90	7	3,57
2	0,29	8	0,73	4	1,21	**38,0**	1,72	6	2,29	2	2,91	8	3,59
3	0,29	9	0,74	5	1,22	1	1,73	7	2,30	3	2,92	9	3,61
4	0,30	**29,0**	0,75	6	1,24	2	1,75	8	2,32	4	2,94	**52,0**	3,63
5	0,31	1	0,76	7	1,25	3	1,76	9	2,33	5	2,95	1	3,64
6	0,32	2	0,77	8	1,26	4	1,77	**43,0**	2,34	6	2,97	2	3,66

Fortsetzung von Tabelle III.

St.	Fett %	St.	Fett %	St.	Fett %	St.	Fett %	St.	Fett %	St.	Fett %	St.	Fett %
52,3	3,68	54,9	4,11	57,5	4,56	60,1	5,02	62,7	5,51	65,3	6,03	67,9	6,57
4	3,69	55,0	4,13	6	4,58	2	5,04	8	5,53	4	6,05	68,0	6,60
5	3,70	1	4,15	7	4,60	3	5,06	9	5,55	5	6,07	1	6,62
6	3,72	2	4,16	8	4,61	4	5,08	63,0	5,57	6	6,09	2	6,64
7	3,73	3	4,18	9	4,63	5	5,10	1	5,59	7	6,11	3	6,66
8	3,75	4	4,20	58,0	4,65	6	5,11	2	5,61	8	6,13	4	6,68
9	3,77	5	4,21	1	4,66	7	5,13	3	5,63	9	6,15	5	6,71
53,0	3,79	6	4,23	2	4,68	8	5,15	4	5,65	66,0	6,18	6	6,73
1	3,80	7	4,25	3	4,70	9	5,17	5	5,67	1	6,20	7	6,75
2	3,82	8	4,27	4	4,72	61,0	5,19	6	5,69	2	6,22	8	6,77
3	3,84	9	4,29	5	4,74	1	5,20	7	5,71	3	6,24	9	6,79
4	3,86	56,0	4,30	6	4,76	2	5,22	8	5,73	4	6,26	69,0	6,82
5	3,87	1	4,32	7	4,77	3	5,24	9	5,75	5	6,28	1	6,84
6	3,89	2	4,34	8	4,79	4	5,26	64,0	5,77	6	6,30	2	6,86
7	3,91	3	4,35	9	4,81	5	5,28	1	5,79	7	6,32	3	6,88
8	3,93	4	4,37	19,0	4,83	6	5,30	2	5,81	8	6,34	4	6,90
9	3,94	5	4,39	1	4,84	7	5,32	3	5,83	9	6 36	5	6,93
54,0	3,96	6	44,1	2	4,86	8	5,34	4	5,85	67,0	6,39	6	6.95
1	3,98	7	4,42	3	4,88	9	5,36	5	5,87	1	6,41	7	6,97
2	3,99	8	4,44	4	4,90	62,0	5,38	6	5,89	2	6,43	8	6,99
3	4,01	9	4,46	5	4,92	1	5,39	7	5,91	3	6.45	9	7,01
4	4,03	57,0	4,47	6	4,93	2	5.41	8	5,93	4	6,47	70,0	7,04
5	4,05	1	4,49	7	4,95	3	5,43	9	5,95	5	6,49		
6	4,07	2	4,51	8	4,97	4	5,45	65,0	5,97	6	6,51		
7	4,08	3	4,52	9	4,99	5	5,47	1	5,99	7	6,53		
8	4,09	4	4,54	60,0	5,01	6	5,49	2	6,01	8	6,55		

Tabelle IV
zur Ermittelung des Milchzuckergehaltes nach der Menge des gefundenen Kupfers, berechnet nach Soxhlet.

Kupfer mg	Milchzucker mg	Kupfer mg	Milchzucker mg	Kupfer mg	Milchzucker mg	Kupfer mg	Milchzucker mg
140	101,3	150	108,8	160	116,4	170	123,9
141	102,1	151	109,6	161	117,2	171	124,7
142	102,8	152	110,4	162	117,9	172	125,5
143	103,6	153	111,1	163	118,7	173	126,2
144	104,3	154	111,9	164	119,4	174	127,0
145	105,1	155	112,6	165	120,2	175	127,8
146	105,8	156	113,4	166	120,9	176	128,6
147	106,6	157	114,1	167	121,7	177	129,3
148	107,3	158	114,9	168	122,4	178	130,1
149	108,1	159	115,7	169	123,2	179	130,9

Fortsetzung von Tabelle IV.

Kupfer mg	Milch-zucker mg	Kupfer mg	Milch-zucker mg	Kupfer mg	Milch-zucker mg	Kupfer mg	Milch-zucker mg
180	131,6	227	167,1	274	203,5	321	240,7
181	132,4	228	167,9	275	204,3	322	241,5
182	133,1	229	168,6	276	205,1	323	242,3
183	133,9	230	169,4	277	205,9	324	243,0
184	134,7	231	170,1	278	206,7	325	243,8
185	135,4	232	170,9	279	207,5	326	244,0
186	136,2	233	171,6	280	208,3	327	245,4
187	136,9	234	172,4	281	209,1	328	246,1
188	137,7	235	173,1	282	209,9	329	246,9
189	138,5	236	173,9	283	210,7	330	247,7
190	139,2	237	174,7	284	211,5	331	248,5
191	140,0	238	175,4	285	212,3	332	249,3
192	140,8	239	176,2	286	213,1	333	250,1
193	141,5	240	176,9	287	213,9	334	250,9
194	142,3	241	177,7	288	214,7	335	251,7
195	143,1	242	178,5	289	215,5	336	252,5
196	143,8	243	179,3	290	216,3	337	253,3
197	144,6	244	180,1	291	217,1	338	254,2
198	145,4	245	180,9	292	217,9	339	255,0
199	146,2	246	181,6	293	218,7	340	255,8
200	146,9	247	182,4	294	219,5	341	256,6
201	147,7	248	183,2	295	220,3	342	257,4
202	148,4	249	184,0	296	221,2	343	258,2
203	149,2	250	184,8	297	222,0	344	259,0
204	149,9	251	185,6	298	222,8	345	259,8
205	150,7	252	186,3	299	223,6	346	260,7
206	151,4	253	187,1	300	224,4	347	261,5
207	152,2	254	187,9	301	225,2	348	262,3
208	152,9	255	188,7	302	225,9	349	263,1
209	153,7	256	189,4	303	226,7	350	263,9
210	154,4	257	190,2	304	227,5	351	264,7
211	155,2	258	191,0	305	228,3	352	265,6
212	155,9	259	191,8	306	229,0	353	266,4
213	156,7	260	192,6	307	229,8	354	267,2
214	157,4	261	193,3	308	230,6	355	268,0
215	158,2	262	194,1	309	231,4	356	268,8
216	158,9	263	194,9	310	232,1	357	269,6
217	159,7	264	195,7	311	232,9	358	270,4
218	160,4	265	196,4	312	233,7	359	271,3
219	161,2	266	197,2	313	234,5	360	272,1
220	161,9	267	198,0	314	235,3	361	272,9
221	162,7	268	198,8	315	236,0	362	273,8
222	163,4	269	199,5	316	236,8	363	274,6
223	164,2	270	200,3	317	237,6	364	275,5
224	164,9	271	201,1	318	238,4	365	276,3
225	165,6	272	201,9	319	239,1	366	277,2
226	166,4	273	202,7	320	239,9	367	278,0

Fortsetzung von Tabelle IV.

Kupfer mg	Milchzucker mg	Kupfer mg	Milchzucker mg	Kupfer mg	Milchzucker mg	Kupfer mg	Milchzucker mg
368	278,9	376	285,7	384	292,5	392	299,4
369	279,7	377	286,5	385	293,3	393	300,3
370	280,5	378	387,4	386	294,2	394	301,1
371	281,4	379	288,2	387	295,1	395	302,0
372	282,3	380	289,1	388	295,9	396	302,9
373	283,1	381	289,9	389	296,8	397	303,7
374	284,0	382	290,8	390	297,7	398	304,6
375	284,8	383	291,6	391	298,6	399	305,4

Tabelle V

zur refraktometrischen Bestimmung des Milchzuckers in der Milch.

Skalenteile	Milchzucker %	Skalenteile	Milchzucker %	Skalenteile	Milchzucker %	Skalenteile	Milchzucker %
3,1	1,75	6,1	3,31	9,1	4,84	12,1	6,35
2	1,80	2	3,36	2	4,89	2	6,40
3	1,85	3	3,42	3	4,95	3	6,46
4	1,90	4	3,47	4	5,00	4	6,51
5	1,96	5	3,52	5	5,05	5	6,56
6	2,01	6	3,57	6	5,10	6	6,61
7	2,07	7	3,62	7	5,15	7	6,66
8	2,12	8	3,67	8	5,20	8	6,71
9	2,18	9	3,72	9	5,25	9	6,76
4,0	2,23	7,0	3,77	10,0	5,30	13,0	6,81
1	2,29	1	3,82	1	5,35	1	6,86
2	2,35	2	3,87	2	5,40	2	6,91
3	2,40	3	3,93	3	5,45	3	6,97
4	2,45	4	3,98	4	5,50	4	7,02
5	2,50	5	4,03	5	5,55	5	7,07
6	2,55	6	4,08	6	5,60	6	7,12
7	2,60	7	4,13	7	5,65	7	7,17
8	2,65	8	4,18	8	5,70	8	7,22
9	2,70	9	4,23	9	5,75	9	7,27
5,0	2,75	8,0	4,28	11,0	5,80	14,0	7,33
1	2,80	1	4,33	1	5,85	1	7,38
2	2,85	2	4,38	2	5,90	2	7,43
3	2,91	3	4,44	3	5,95	3	7,48
4	2,96	4	4,49	4	6,00	4	7,53
5	3,01	5	4,54	5	6,05	5	7,58
6	3,06	6	4,59	6	6,10	6	7,63
7	3,11	7	4,64	7	6,15	7	7,68
8	3,16	8	4,69	8	6,20	8	7,73
9	3,21	9	4,74	9	6,25	9	7,78
6,0	3,26	9,0	4,79	12,0	6,30	15,0	7,84

Teichert, Milchanalyse. 2. Aufl.

Verlag von Julius Springer in Berlin.

Die Milch.
Gemeinfaßliche Darstellung der Eigenschaften, Bestandteile und Verwertung der Milch, der Versorgung der Städte und der Ernährung durch Milch. Von **Alexander Bernstein**. 1904. — Preis M. 1,40.

Hilfsbuch für Nahrungsmittelchemiker zum Gebrauch im Laboratorium für die Arbeiten der Nahrungsmittelkontrolle, der gerichtlichen Chemie und anderen Zweigen der öffentlichen Chemie. Von Dr. **A. Bujard** und Dr. **Ed. Baier**. Dritte, umgearbeitete Auflage. Mit in den Text gedruckten Abbildungen. 1911.
In Leinwand gebunden Preis M. 12,—.

Chemie der menschlichen Nahrungs- und Genußmittel. Vierte, vollständig umgearbeitete Auflage. In drei Bänden. Herausgegeben von Geh. Reg.-Rat Professor Dr. **J. König**, Münster i. W.
  I. Band: **Chemische Zusammensetzung der menschlichen Nahrungs- und Genußmittel**. Bearbeitet von Professor Dr. **A. Bömer**, Münster i. W. Mit Textabbildungen. 1903.
In Halbleder gebunden Preis M. 36,—.
 II. Band: **Die menschlichen Nahrungs- und Genußmittel**, ihre Herstellung, Zusammensetzung und Beschaffenheit, nebst einem Abriß über die Ernährungslehre. Von Professor Dr. **J. König**, Münster i. W. Mit Textabbildungen. 1904.
In Halbleder gebunden Preis M. 32,—.
III. Band: **Untersuchung von Nahrungs-, Genußmitteln und Gebrauchsgegenständen**. In Gemeinschaft mit Fachmännern bearbeitet von Professor Dr. **J. König**, Münster i. W.
   1. Teil: Allgemeine Untersuchungsverfahren. Mit 405 Textabbildungen. 1910. In Halbleder geb. Preis M. 26,—.
   Der 2. Teil, der die Untersuchung und Beurteilung der einzelnen Nahrungsmittel usw. behandelt, ist in Vorbereitung und soll tunlichst bald folgen.

Über Margarinekäse. Von Dr. **Karl Windisch**, Ständiger Hilfsarbeiter im Kaiserlichen Gesundheitsamt, Privatdozent an der Universität Berlin. 1898. Preis M. 4,—.

Anweisung zur chemischen Untersuchung von Fetten und Käsen. Bekanntmachung des Reichskanzlers vom 1. April 1898.
Preis M. 0,30.

Einheitsmethoden zur Untersuchung von Fetten, Ölen, Seifen und Glyzerinen sowie sonstigen Materialien der Seifenindustrie. Herausgegeben vom Verband der Seifenfabrikanten Deutschlands. 1910. Kartoniert Preis M. 2,40.

Zu beziehen durch jede Buchhandlung.

Verlag von Julius Springer in Berlin.

Analyse der Fette und Wachsarten. Von Benedikt-Ulzer. Fünfte, umgearbeitete Auflage, unter Mitwirkung hervorragender Fachmänner herausgegeben von Professor **Ferd. Ulzer**, Dipl. Chem. **P. Pastrovich** und Dr. **A. Eisenstein** in Wien. Mit 113 Textfiguren. 1908. Preis M. 26,—; in Halbleder gebunden M. 28,60.

Allgemeine und physiologische Chemie der Fette. Für Chemiker, Mediziner und Industrielle. Von **F. Ulzer** und **J. Klimont**. Mit 9 Textfiguren. 1906. Preis M. 8,—.

Technologie der Fette und Öle. Handbuch der Gewinnung und Verarbeitung der Fette, Öle und Wachsarten des Pflanzen- und Tierreichs. Unter Mitwirkung von Fachmännern herausgegeben von **Gustav Hefter**, Triest.

I. Band: **Gewinnung der Fette und Öle.** Allgemeiner Teil. 1906. Preis M. 20,—; in Halbleder gebunden M. 22,50.

II. Band: **Gewinnung der Fette und Öle.** Spezieller Teil. 1908. Preis M. 28,—; in Halbleder gebunden M. 31,—.

III. Band: **Die Fett verarbeitenden Industrien.** 1910. Preis M. 32,—; in Halbleder gebunden M. 35,—.

Der vierte (Schluß-) Band, enthaltend die **Seifenfabrikation**, soll Ende 1911 erscheinen.

Chemisch - technische Untersuchungsmethoden, unter Mitwirkung zahlreicher hervorragender Fachmänner herausgegeben von Professor Dr. **G. Lunge**, Zürich, und Dr. **E. Berl**, Tubize. Sechste, vollständig umgearbeitete und vermehrte Auflage. In 4 Bänden.

I. Band. Mit 163 Textabbildungen. 1910. Preis M. 18,—; in Halbleder gebunden M. 20,50.

II. Band. Mit 138 Textabbildungen. 1910. Preis M. 20,—; in Halbleder gebunden M. 22,50.

III. Band. Mit 150 Textabbildungen. 1911. Preis M. 22,—; in Halbleder gebunden M. 24,50.

Der vierte (Schluß-) Band erscheint im Herbst 1911.
Ausführlicher Prospekt steht zur Verfügung.

Lehrbuch der analytischen Chemie. Von Dr. **H. Wölbling**, Dozent und etatsmäßiger Chemiker an der Königl. Bergakademie zu Berlin. Mit 83 Textfiguren und 1 Löslichkeitstabelle. 1911. Preis M. 8,—; in Leinwand gebunden M. 9,—.

Analyse und Konstitutionsermittelung organischer Verbindungen. Von Dr. **Hans Meyer**, Professor an der Deutschen Universität in Prag. Zweite, vermehrte und umgearbeitete Auflage. Mit 235 Textfiguren. 1911. Preis M. 28,—; in Halbfranz gebunden M. 31,—.

Zu beziehen durch jede Buchhandlung.

MIX
Papier aus verantwortungsvollen Quellen
Paper from responsible sources
FSC® C105338

If you have any concerns about our products,
you can contact us on
ProductSafety@springernature.com

In case Publisher is established outside the EU,
the EU authorized representative is:
**Springer Nature Customer Service Center GmbH
Europaplatz 3, 69115 Heidelberg, Germany**

Printed by Libri Plureos GmbH
in Hamburg, Germany